James Israel

Klinische Beiträge zur Kenntniss der Aktinomykose des Menschen

James Israel

Klinische Beiträge zur Kenntniss der Aktinomykose des Menschen

ISBN/EAN: 9783743357167

Hergestellt in Europa, USA, Kanada, Australien, Japan

Cover: Foto ©berggeist007 / pixelio.de

Manufactured and distributed by brebook publishing software (www.brebook.com)

James Israel

Klinische Beiträge zur Kenntniss der Aktinomykose des Menschen

Vorwort.

Die vorliegende Arbeit soll zusammenfassen, was wir bisjetzt von den Krankheitserscheinungen wissen, welche der Strahlenpilz beim Menschen hervorruft. Bei der kritischen Sichtung aller eigenen und fremden Beobachtungen liess sich eine Anzahl gut markirter Krankheitstypen unterscheiden, deren Symptomatologie, Diagnostik und Pathogenese zu schildern, unsere Aufgabe sein soll. Eine im ursprünglichen Plane der Arbeit gelegene eingehendere Berücksichtigung der ätiologischen Seite musste leider unterbleiben, weil die experimentelle Behandlung einer Anzahl dahin gehörender Fragen durch eine längere Abwesenheit von Berlin unterbrochen wurde. Wenn ich somit für jetzt nur den klinischen Theil veröffentliche, so geschieht dieses in der Absicht, an der Hand der hier gezeichneten Krankheitsbilder den Fachgenossen die Erkenntniss am Krankenbette zu erleichtern.

Montreux, 18. December 1884.

James Israël.

Inhaltsverzeichniss.

Nachdem sich die Erfahrungen über die zuerst von mir im Jahre 1877 beschriebene, später durch Ponfick mit der Strahlenpilzerkrankung des Rindes identificirte Mykose des Menschen gemehrt haben, halte ich es an der Zeit, einen Rückblick auf das bisherige Beobachtungsmaterial zu werfen, um aus dem Gewirre der Casuistik einige feste Gesichtspunkte zu gewinnen, welche zur Orientirung in der Erkenntniss dieser bisher übersehenen und doch so bedeutsamen Krankheit dienen sollen.

Die Förderung der Diagnostik und die Anbahnung des Verständnisses der Pathogenese einer Anzahl bisher unverständlicher Fälle ist vorzugsweise das Ziel vorliegender Arbeit. Das Studium dieser neuen Mykose verdient das volle Interesse, sowohl des Practikers, weil sie an Malignität von keiner anderen chronischen Krankheit übertroffen wird, als auch des Pathologen, weil die Aktinomykose die erste chronische Infectionskrankheit des Menschen war, deren Aetiologie in der Wirksamkeit bestimmter Pilze erkannt wurde.

Das Material, auf dem unsere Arbeit sich aufbaut, setzt sich zusammen aus den Erfahrungen, die an 38 Fällen gewonnen wurden. Neunundzwanzig von diesen sind bereits publicirt worden, und zwar 6 von mir, 23 von anderen Autoren. Neun sollen an dieser Stelle zum ersten Male veröffentlicht werden, von denen 7 meiner eigenen Beobachtung angehören, 2 mir zur Publication freundlichst überlassen worden sind*).

---

*) Von letzteren verdanke ich einen (No. 38) Herrn San.-Rath Dr. Blaschko in Berlin, einen anderen (No. 20) Herrn Geh.-Rath Prof. Dr. Thiersch und Herrn Dr. Bahrdt in Leipzig, welche mir ermöglichten, der Autopsie beizuwohnen. Ich spreche den Herren meinen Dank für ihr freundliches Entgegenkommen hierdurch aus.

Sämmtliche Beobachtungen, bei welchen sich der Weg der Pilzinvasion feststellen lässt, lassen sich mit Bezug auf dieses Moment in drei grosse Gruppen theilen. Denn es sind, wie später gezeigt werden wird, bis jetzt drei Localitäten festzustellen, von denen aus der Pilz in den Körper eindringt, nämlich

1) die Mund-Rachenhöhle,
2) der Respirationstractus,
3) der Digestionstractus.

Somit hat man vom Standpunkte der Pathogenese drei verschiedene Gruppen zu unterscheiden.

Ebenso aber gelangt man vom descriptiven Standpunkt aus zur Eintheilung der Fälle in drei Hauptgruppen, entsprechend der Localisation an den drei grossen Körperregionen, nämlich

1) dem Kopfe mit dem Halse,
2) der Brust,
3) dem Bauche.

Da nun die Localisation wieder ganz wesentlich von dem Orte der Pilzinvasion abhängt, dergestalt, dass eine jede der 3 Invasionsarten auch eine bestimmte regionäre Gestaltung der Krankheit bedingt, so decken sich meistens die aus der descriptiven Eintheilung resultirenden Gruppen mit den auf Grund der Pathogenese aufgestellten.

Wir gelangen somit zur Erkenntniss von drei grossen Krankheitstypen, von denen jeder trotz einer grossen Mannigfaltigkeit im Einzelnen doch eine einheitliche Betrachtung gestattet. — Nun bleiben aber noch einige Fälle übrig, für welche der Ort der Pilzinvasion nicht mit genügender Sicherheit festzustellen war. Diese untereinander ungleichartigen Fälle habe ich zu einer vierten Gruppe vereinigt, welche bei fortschreitender Erkenntniss unzweifelhaft fortfallen wird. Ich habe mich bemüht auch für diese scheinbar dem Verständnisse entzogenen Fälle durch genaues Analysiren der Thatsachen die Eingangspforte der Infection zu ergründen, und die Wahrscheinlichkeit meiner Hypothesen durch den Vergleich mit ähnlichen Fällen zu stützen, deren Invasionspforte unserer Erkenntniss zugänglich war.

Erweist sich meine Auffassung der Pathogenese dieser Fälle

als die richtige, so lassen sich auch diese scheinbar unverständlichen Beobachtungen in die 3 ersten Kategorien einreihen.

Bezüglich einer Anzahl von Fällen bin ich zu einer von ihren Beobachtern abweichenden Deutung des Invasionsmodus gelangt, insbesondere betrifft das diejenigen Beobachtungen, in welchen man ein Eindringen des Pilzes durch die äussere Haut und durch die Vagina angenommen hat.

Ausser der ausführlichen Darstellung der hier zum ersten Male veröffentlichten Fälle sind die Krankengeschichten und die Sectionsprotocolle der schon publicirten jedesmal soweit recapitulirt, wie zum Verständniss der darauf folgenden epikritischen Besprechung nöthig erschien. Am Schlusse jeder Gruppe wird eine zusammenfassende Betrachtung der aus den casuistischen Erfahrungen hervorgehenden Ergebnisse gegeben und der Versuch gemacht werden, die den Hauptgruppen entsprechenden Krankheitsbilder zu zeichnen; diese Collectivbetrachtungen sollen keinen Anspruch auf erschöpfende Vollständigkeit machen, da sie auf viele in den Einzelepikrisen besprochene Punkte nicht mehr zurückkommen.

Nachstehend folgt eine Uebersicht sämmtlicher Fälle in der Reihenfolge ihrer Besprechung und in der Zusammenstellung zu Hauptgruppen und Unterabtheilungen entsprechend ihrer Zusammengehörigkeit. Bei den hier zum ersten Male veröffentlichten Fällen ist der Name des Beobachters mit fetter Schrift gedruckt.

Gruppe I. Pilzeinwanderung durch die Mund-Rachenhöhle.

a) Localisation im Unterkieferknochen.

1. Frau Haskel (J. Israël).

b) Localisation am Unterkieferrande, in der Submaxillar- und Submentalgegend.

2. Alexandrine Meyer (J. Israël), Virchow's Arch., Bd. 74, S. 42.
3. Hilarius Retz (J. Israël).
4. Christiane R. (Partsch), Breslauer ärztl. Zeitschrift, 1881, S. 78.
5. . . . . . . (Rosenbach), Centralbl. f. Chirurgie, 1880, No. 15.

6. . . . . . (Rosenbach), Centralbl. f. Chirurgie, 1881, No. 15.
7. Herman Lewin (J. Israël).
8. . . . . . (Rosenbach), Ibidem.
9. . . . . . (Rosenbach), Ibidem.

c) Localisation am Halse.

10. Herman Ebenstein (J. Israël), Virchow's Arch., Bd. 74, S. 37.
11. Wolff Noahfeld (J. Israël).

d) Localisation am Oberkieferperiost.

12. . . . . . (J. Israël), Virchow's Archiv, Bd. 74.

e) Localisation an der Backen-Wangengegend.

13. Moritz Abraham (J. Israël).
14. . . . . . (W. Knight Treves), The Lancet, 1884, Jan. 19.
15. Helene Mendelsohn (J. Israël).
16. August Barunke (Ponfick), Die Aktinomykose des Menschen. Berlin 1882.
17. M. (Partsch), Breslauer ärztl. Zeitschrift, 1881, S. 78.

Gruppe II. Pilzeinwanderung durch die Luftwege.

a) Localisation auf der Bronchialschleimhaut.

18. Corinna Varesco (L. Canali), La Bronco-Actinomicosi nell' uomo. Rivista clinica, 1882.

b) Primäre Localisation im Lungenparenchym, Propagation auf die Brustwand.

19. Joseph Wechselmann (J. Israël).
20. Herr v. N. (Thiersch und Bahrdt).
21. Herr S. (Weigert), Virchow's Archiv, Bd. 84, S. 303.

c) Primäre Localisation im Lungenparenchym, Propagation auf die Brustwand, Metastasenbildung.

22. Marie Strübing (J. Israël), Virchow's Archiv, Bd. 78, H. 3.
23. Elka Jaffé (J. Israël), Virchow's Archiv, Bd. 74.
24. Ernst Franke (Ponfick), l. c. S. 7.
25. Frau . . . (A. König), Inaugural-Dissertation, Berlin 1884.
            (O. Israël), Berliner klin. Wochenschr., 1884, No. 23.
26. Rudolf Timmler (Ponfick), l. c. S. 31.

Gruppe III. Einwanderung vom Intestinaltractus.

a) Localisation auf der Schleimhaut.

27. . . . . . . (Chiari), Prager med. Wochenschrift, 1884, No. 10.

b) Darmaffection mit Propagation auf Peritonaeum, Bauchwand. Metastasenbildung.

28. Kaufmann S. (Blaschko).
29. Franziska S. (Middeldorpf), Deutsche med. Wochenschrift, 1884, No. 15, 16.
30. Karoline St. (Zemann), Wiener med. Jahrbücher, 1883. „Ueber die Aktinomykose des Bauchfells und der Baucheingeweide beim Menschen."
31. Rudolf L. (Zemann), l. c.
32. . . ., Schneider (Zemann), l. c.
33. . . ., Tagelöhnerin (Zemann), l. c.

Gruppe IV. Fälle mit unsicherer Eingangspforte.

a) Wahrscheinliche Einwanderung durch den Respirationsapparat.

34. . . . . . . (v. Langenbeck), Virchow's Arch., Bd. 74. J. Israël: Neue Beobachtungen auf dem Gebiete der Mykosen des Menschen.
35. Karl Bässler (Moosdorf und Birch-Hirschfeld), Jahresbericht der Gesellschaft für Natur- und Heilkunde in Dresden, 1881—1882.

b) Wahrscheinliche Einwanderung vom Schlunde.

36. Frau Deutschmann (Ponfick), l. c.

c) Wahrscheinliche Einwanderung vom Darme.

37. Frau Conrad (Ponfick), l. c.
38. Ottilie M. (Zemann), l. c.

Gruppe I.   Pilzeinwanderung durch die Mund-Rachenhöhle.

Localisation: Gesicht und Hals.

a) Sitz der Erkrankung im Innern der Mandibula.

Fall No. 1 (J. Israël).

Frau H., 46 Jahre alt, empfand vor zwei Monaten zuerst eine mässige Schmerzhaftigkeit an der Aussenseite der rechten Unterkieferhälfte. Als Grund derselben wurde eine kleine Geschwulst am Uebergange des Zahnfleisches zur Wangenschleimhaut gefunden, welche trotz wiederholter Punction und Incision weder Eiter entleerte noch collabirte.

Status: 29. Januar 1884. Aeusserlich ist keine Anschwellung des Unterkiefers zu sehen, wohl aber ist eine Verdickung seines unteren Randes in der Mitte zwischen Kieferwinkel und Kinn zu palpiren. Die Zähne des Oberkiefers fehlen sämmtlich; am Unterkiefer fehlen rechts die 3 vorderen Backzähne und der Eckzahn; über den durch den Zahnausfall atrophirten Alveolarfortsatz geht die Schleimhaut glatt hinweg. Der 2. Schneidezahn rechts unten ist cariös.

Entsprechend der Stelle der fehlenden ersten beiden Backzähne liegt eine Geschwulst von der Grösse einer kleinen Kirsche der Aussenfläche des Unterkiefers unverschiebbar fest an. Sie ist bedeckt von der in die Höhe gehobenen Umschlagstelle zwischen Zahnfleisch und Lippen-Wangenschleimhaut. Die Geschwulst giebt ein elastisches pseudofluctuirendes Gefühl; auf ihrer Kuppe ist eine capillare Oeffnung, aus welcher sich ein Tropfen Flüssigkeit hervordrücken lässt, und durch welche eine Sonde tief in den Unterkieferknochen eindringt.

29. Januar. Spaltung der Geschwulst parallel dem Alveolarfortsatze. Dieselbe zeigt auf dem Durchschnitt in ihrer peripheren Schicht ein derbes Gefüge von rother Farbe, auf welches nach der Tiefe zu ein weiches goldgelb gesprenkeltes Gewebe folgt. Nach dessen Ausschabung zeigt sich in der Aussenwand des Unterkieferknochens eine Oeffnung, durch welche ein kleiner scharfer Löffel in einen grossen, mit demselben goldgelb gesprenkelten weichen Gewebe erfüllten Hohlraum des Knochens eindringt. Die herausbeförderte Masse ist reich durchsetzt von Aktinomyceskörnern.

Nachdem die schon vor der Incision von mir diagnosticirte Natur des Leidens durch die operative Autopsie constatirt war, und dieser erste Eingriff zu keiner Heilung führen konnte, wurde zu einer radikaleren Operation geschritten.

7. Februar. Hautschnitt am Unterkieferrande, Ablösung des Periosts. Die Höhle im Knochen wird mit dem Meissel durch Wegnahme der vorderen Wand breit eröffnet, der aus gelbgesprenkeltem Granulationsgewebe bestehende, mit brüchigen Knochenbälkchen und Strahlenpilzkörnern durchsetzte Inhalt ausgeschabt und die nach dem Munde zu prominente Kuppe der Geschwulst exstirpirt. Im Grunde der Höhle, ganz fest in der Tiefe der Corticalsubstanz des Knochens steckend, findet sich die Wurzel des Eckzahns. Ende April war die Heilung vollendet und ist bis jetzt ungestört geblieben, also wohl definitiv.

Dieser Fall ist der erste und einzige bis jetzt bekannt gegebene, bei welchem es sich um eine centrale aktinomykotische Erkrankung des Unterkiefers handelt. Der primäre centrale Herd führte zur Auftreibung des Kiefers, durchbrach die Aussenwand desselben und bildete daselbst eine Geschwulst,

welche die Uebergangsschleimhaut von der Wange zum Zahnfleisch in die Höhe hob. Durch dieses Verhalten nähert sich
der Fall einer der häufigsten Formen der aktinomykotischen
Kiefererkrankung des Rindes. Bemerkenswerth ist der Fund
der Zahnwurzel im Grunde der Kieferhöhle, welcher die Vorstellung nahe legt, dass sie in ätiologischem Zusammenhange
mit der Erkrankung stehen mag, sei es, dass mit der einge-
heilten Wurzel Pilzelemente in den Knochen eingeschlossen
wurden, sei es, dass eine Zeit lang eine zu der Wurzel führende
Fistel bestand, welche den Pilzen als Bahn zu dem Innern des
Knochens diente.

Bezüglich des Pilzbefundes ist noch hervorzuheben, dass
neben den typischen Drusen mit Keulen sich sehr viele fanden,
welchen die Keulen gänzlich fehlten, und die nur aus dicht
nebeneinander verlaufenden, zu Büscheln vereinigten Fäden bestanden, welche sich vielfach durchkreuzend und verfilzend, das
Centrum des Haufens bildeten, nach der Peripherie aber alle
radiär, meistens unter dichotomischer Theilung ausstrahlten.

b) Sitz der Erkrankung am Unterkieferrande in der Submaxillar- und Submentalgegend.

Fall 2 (J. Israël).

Alexandrine M., 9 Jahre. Caries des dritten unteren Backzahnes
rechts. An entsprechender Stelle des Unterkieferrandes eine von wenig gerötheter Haut überzogene, demselben fest aufsitzende kirschengrosse, prall
elastische Anschwellung. Incision entleert nur einige Tropfen nicht rie-
chender Flüssigkeit, untermischt mit vielen Körnchen bis zu Mohnkorn-
grösse, welche als charakteristische Aktinomyces erkannt werden. Daneben
finden sich noch Pilzkörner von bisher unbekannter, l. c. beschriebener und
abgebildeter Structur, deren Vorhandensein gleichfalls in dem aufgesägten
Wurzelcanale des cariösen Zahns constatirt wurde. Heilung nach Extractio
dentis und Ausschabung des Herdes.

Die Abhängigkeit der Erkrankung von dem cariösen Zahne
wird bewiesen sowohl durch den Sitz des Herdes an genau dem
Zahne entsprechender Stelle des Kieferrandes, als auch durch
den Nachweis derselben mykotischen Elemente im Zahnwurzel-
canale wie in der periostalen Geschwulst.

Fall 3 (J. Israël).

Hilarius R., 40 Jahre, Gutsbesitzer. Mehrere Abscesse und Fistelöffnungen über dem Rande der rechten Unterkieferhälfte, von welcher nach
verschiedenen Richtungen Gänge führten, welche die Haut der Submaxillar-
und des unteren Theils der Masseterengegend unterminirten. Die Abscesse
wie die Fistelgänge enthalten in spärlicher dünner Flüssigkeit Aktinomyceskörner. Ueber den Zustand der Zähne sowie über die Anamnese
fehlen Notizen. Nach mehrfachen Spaltungen und Ausschabungen entwickeln sich gute Granulationen. Pat. entzieht sich vor vollendeter Vernarbung der Beobachtung.

Fall 4 (Partsch).

Christiane R., 34 Jahre alt. Hin und wieder Zahnschmerzen, die nach
Extraction hohler Zähne und Bildung kleiner Zahngeschwüre immer wieder schwanden. Im September 1879 bildet sich unter heftigen Schmerzen,
die nach Extraction zweier Zähne nicht weichen, eine kleine Geschwulst
am rechten Kieferwinkel, die zu Haselnussgrösse wuchs, die Haut durchbrach, dann schwand. Trotzdem Zunahme der Schmerzen; von Januar 1880
ab mehrfache Abscedirungen mit Fistelbildung, dazu Kieferklemme.
Status: Diffuse Schwellung am rechten Kieferwinkel; am Ramus
ascendens mehrere Fisteln, die auf rauhen Knochen führen. Letzterer zahn-
los, verdickt, fast gar nicht beweglich. Resection der rechten Kieferhälfte,
welche die Spuren chronischer Periostitis zeigte. Vierzehn Tage p. opera-
tionem entstand am vorderen Rande des Sternocleidomastoideus in der
Höhe des horizontalen Kieferastes eine haselnussgrosse fluctuirende Stelle,
deren Incision hellen dünnflüssigen, mit gelbem Aktinomyces untermischten
Eiter entleerte. Heilung. Vom März 1881 ab bildet sich unter Schmerzen
ca. alle 3 Wochen ein kleiner Abscess meist in der Schläfengegend, der
nach Entleerung hellen Eiters spontan heilt. Schläfengegend leicht geschwollen, da selbst eine kleine wenig fluctuirende Stelle mit zarter gerötheter Haut bedeckt.

Der Fall zeigt in unzweideutiger Weise die Abhängigkeit
des aktinomykotischen Processes von einer Caries der Zähne.
Als eine sehr charakterische Eigenthümlichkeit dieser Krankheit
ist hervorzuheben, dass nach Heilung der Primäraffection am
Kieferwinkel scheinbar discontinuirlich in grösserer Entfernung
wiederholt neue Eruptionen auftraten. Besonders beachtenswerth
ist der Modus ihres Auftretens an der Schläfe, und zwar in
Form periodisch erscheinender kleiner Abscesse, deren Bildung
heftigere Schmerzen vorangehen, und welche schnell nach Entleerung heilen. Einem ganz ähnlichen Verlauf begegnet man

öfter, und es sei in dieser Hinsicht auf den Vergleich mit
Fall 15 verwiesen.

Fall 5 (Rosenbach).

Arbeitsmann, 58 Jahr. Seit einigen Monaten schmerzhafte Schwellung
am linken Kieferwinkel. Daselbst Abscesseröffnung; es folgt Trismus
spurius und Eitersenkung bis unter die Mitte des Halses.

Derbe entzündliche Schwellung umgiebt den linken Winkel und aufsteigenden Ast des Unterkiefers, von welcher ein zwei Finger dicker Fortsatz mit fistulösen Oeffnungen am Halse herabsteigt. Cariöse Zähne vorhanden ohne Zahnschmerz. Kieferklemme. —

Spaltung des Ganges am Halse; vom oberen Ende gelangt man in
einen Abscess vor und hinter dem Kieferwinkel. Entleerung aktinomykotischen Eiters. Fünf Tage später neuer sehr tiefer Wangenabscess unter
dem Jochbeine mit demselben Inhalt. Communication mit der ersten Incision. Drainage. Desinfection. Heilung.

Wenn auch im vorliegenden Falle trotz vorhandener Caries
der Zähne ein bestimmter Zahn als Ausgangspunkt nicht bezeichnet werden konnte, auch eine Erkrankung des Kiefers nicht
gefunden wurde, so spricht doch die sehr tiefe Lage des Wangen-
abscesses, die Lage der Abscesse vor und hinter dem Kieferwinkel, sowie die Kieferklemme für den Ausgang vom Kiefer,
resp. den ihm angehörenden Zähnen. Genau dieselbe Localisation, dieselben Symptome konnten in Fällen constatirt werden,
bei welchen ein Zweifel nicht obwalten kann, dass sie von Läsionen der Unterzähne oder der Mandibula ihren Ausgangspunkt
nahmen.

Fall 6 (Rosenbach).

Eine 62jährige Frau bekam vor 8 Wochen unter Febricitation und
Auftreten von Trismus spurius eine diffuse entzündliche Anschwellung der
linken Wange, die sich bis auf eine Schwellung am Kieferwinkel zurück-
bildete. Nach Wiederanschwellung 6 Wochen später geringer Eiterdurch-
bruch in den Mund. Der linke Kieferwinkel von derber scheinbar periostaler
Schwellung umgeben. In der mit glatter Schleimhaut überzogenen linken
Unterkieferhälfte stand nur noch der Eckzahn. In der Gegend des Weisheitszahnes eine 1 1/2 Ctm. tief eindringende, nicht auf entblössten Knochen
führende Fistel. Incision liess die Sonde auf cariös anzufühlenden Kiefer
gelangen und entleerte aktinomyceshaltigen Eiter. Heilung nach Drainage
und Desinfection.

Es dürfte in diesem Falle nicht zweifelhaft sein, dass der
Unterkiefer im Mittelpunkte des Processes steht. Denn einer-

seits war die Strahlenpilzphlegmone am Angulus eine periostale, wie der nach der Incision cariös anzufühlende Knochen beweist, andererseits findet sich an der Mundhöhlenfläche des Kiefers eine Läsion in Gestalt einer Fistel, welche dem Sitze nach der Stelle der periostalen Phlegmone entspricht und offenbar dem Pilze als Invasionspforte gedient hat.

Fall 7 (**J. Israël**).

Hermann L., 24 Jahre alt, Kaufmann, hat seit einem Jahre eine Geschwulst in der linken Submaxillargegend, welche bald grösser, bald kleiner, ja sogar ganz verschwunden sein soll. Jetzt ist dieselbe walzenförmig und erstreckt sich, einen Querfinger breit unterhalb des linken Kieferwinkels beginnend, als ein hart anzufühlender nur in seinem untern Ende fluctuirender Strang bis zum Ringknorpel. Der linke letzte Backzahn im Unterkiefer ist cariös, alle übrigen Zähne gesund. Die Härte soll bei ihrem ersten Auftreten dicht und unverschiebbar dem Unterkieferwinkel aufgesessen haben und sich erst allmälig von demselben losgelöst haben und nach unten gewandert sein. Incision findet wenig Flüssigkeit mit Aktinomyces. Heilung nach Ausschabung.

Der vorstehende Fall ist besonders überzeugend für ein ätiologisches Verhältniss zwischen der Zahncaries und der submaxillaren Aktinomykose. Denn hier waren alle Zähne tadellos intact bis auf einen, und gerade dieser entsprach demjenigen Unterkieferquerschnitte, an welchem die peri- oder parosteale Schwellung ihren Anfang genommen hatte.

Für die Symptomatologie und Diagnostik mögen als wichtig zunächst die Chronicität des Processes und die Schwankungen im Volumen der Schwellung hervorgehoben werden. Vor Allem aber ist als charakteristisch der Aufmerksamkeit werth das eigenthümliche Phänomen des Hinabwanderns der Geschwulst von dem Kiefer nach dem Halse. Sie kann nach Ablauf von Monaten an dem Orte ihrer ersten Entstehung gänzlich verschwunden sein, um mehr weniger weit unten in der Submaxillargegend oder noch tiefer am Halse gefunden zu werden; der Weg, den sie durchwandert hat, ist bisweilen noch in Gestalt eines bindegewebigen schmalen Stranges nachweisbar, der sich von ihrem oberen Umfange zum Kiefer erstreckt; im vorliegenden Falle dagegen, wie in anderen (vgl. namentlich Fall 7, 11) ist keine Andeutung der zurückgelegten Bahn zu finden. Den

Beginn dieses Senkungsprocesses repräsentiren diejenigen Fälle, in denen das um den Kieferwinkel gelegene Infiltrat sich strangförmig oder walzenförmig nach dem Halse hinab verlängert, eine Form, die durch Fall No. 6 illustrirt wird.

Fall 8 (Rosenbach).

Ein 39jähriger Arbeiter hatte seit 2—3 Wochen Schmerz am Halse links, woselbst eine harte entzündliche Anschwellung gegen den Kieferwinkel hin sich erstreckte. Links kein cariöser Zahn, nur der hintere Backzahn braun und lose. Nach 6 Wochen wurde aus dem erweichten Knoten Eiter mit den charakteristischen Körnchen entleert. Keine mikroskopische Untersuchung.

Der Fall ist in ätiologischer Beziehung nicht ganz sicher zu verwerthen, weil ohne mikroskopische Untersuchung die in maxillaren Abscessen gefundenen Pilzkörner nicht sicher als Strahlenpilze anzusprechen sind, da auch bisweilen Spaltpilze, insbesondere Leptothrix in derselben grob makroskopischen Form und Grösse daselbst vorkommen. Immerhin ist die Abhängigkeit des Processes von dem hinteren Backzahn um so wahrscheinlicher, als ausser ihm kein cariöser Zahn links unten sich vorfand, während er selbst durch seine braune Farbe und gelockerte Verbindung sich als erkrankt documentirte.

Fall 9 (Rosenbach).

Ein 58jähriger Müllergeselle litt seit 12 Wochen an einer Schwellung hinter der Spina mentalis posterior, welche aus zwei neben einander liegenden harten nussgrossen Knoten bestand, hinter denen ein grösserer Abscess lag, gefüllt mit dem charakteristischen Inhalt. Die sehr schlechten Zähne sämmtlich bis zu den Wurzeln abgeschliffen, also überall die Höhlen geöffnet. Nach Incision der abscedirten Knoten Heilung.

Die submentale Lage der aktinomykotischen Herde ist eine seltene und wird nur durch diesen einzigen Fall unter den 17 zur ersten Gruppe gehörigen repräsentirt. Diese Seltenheit findet offenbar ihre Erklärung in der überwiegend häufigen Caries der Backzähne im Vergleich mit derjenigen der Vorderzähne. Gerade in diesem Falle nun wird eine cariöse Abschleifung sämmtlicher Zähne hervorgehoben, also liegt die Annahme nahe, dass hier die eröffneten Höhlen der Vorderzähne den Pilzen als Invasionspforte gedient haben.

c) Sitz der Erkrankung am Halse.

Fall 10 (J. Israël).

Hermann E., 36 Jahre alt, hatte in den letzten Jahren wiederholt Anschwellungen am Alveolarfortsatze des Unterkiefers im Bereiche des 2., 3. und 4. cariösen Backzahns der rechten Seite. Mitte September 1877 fühlte er eine bewegliche Geschwulst dicht am Kieferrande in der rechten Submaxillargegend, „wie eine Drüse‟, erst indolent, später schmerzhaft. Die Geschwulst wanderte am Halse hinab, in dem Maasse, als sie wuchs. Im October wurde durch Lanzettstich viel stinkender Eiter entleert. Dreimalige Wiederholung der Punktion nach Wiederanfüllung. Am 30. October finden wir unter gerötheter Haut einen Abscess in der rechten Fossa carotidea, nach oben bis zum grossen Zungenbeinhorne, nach unten bis nahe an die Clavicula reichend. Regio submaxillaris ganz frei. Bei Incision Entleerung sero-purulenter stinkender Flüssigkeit, reich an Aktinomyces. Drainage. Nach Heilung bis auf die granulirende Drainstelle Entlassung am 11. November. Am 9. December neuer Abscess dicht oberhalb der Clavicula mit demselben Inhalte; bald darauf ein wallnussgrosser Abscess rechts vom grossen Zungenbeinhorn. Incision, Carbolausspülung. Wahrscheinliche Heilung?

Der Fall demonstrirt mit grosser Klarheit sowohl die Abhängigkeit des Processes von dem Vorhandensein cariöser Zähne, als auch die auf einander folgenden Stadien in der Entwicklung desselben zu einem fern vom Ausgangspunkte gelegenen Abscesse. Zuerst Geschwulst am Alveolarfortsatze im Bereich der kranken Zähne, weiterhin submaxillarer Sitz der Geschwulst noch in der Nähe des Kieferrandes, aber schon durchaus getrennt von demselben; später findet man die Submaxillargegend völlig frei und statt ihrer die Fossa carotidea unterhalb des Zungenbeins von einem grossen Abscesse eingenommen — endlich nach Eröffnung und Ausheilung des letzteren Abscedirung dicht oberhalb der Clavicula.

Hier tritt uns nun zum ersten Male ein fötider Charakter des Abscessinhalts entgegen, eine Eigenschaft, welche bei der Gruppe I. selten angetroffen wird, verhältnissmässig häufig aber den Fällen der folgenden Kategorien zukommt.

Ausser dem fötiden Charakter des Abscessinhalts sind es noch zwei Eigenschaften, durch welche der Fall von anderen seiner Kategorie abweicht, d. i. erstens die schnellere Entwicklung, zweitens das Ueberwiegen des flüssigen Antheils des Herdes gegenüber dem Granulationsgewebe. Hier handelte es sich um einen grossen Abscess, gleich jedem anderen „reifen“ Abscesse, nach dessen Entleerung gar keine fühlbare Härte übrig blieb. Die Coincidenz dieser drei Qualitäten, des Fötors, der Absonderung eines reichlichen flüssigen Entzündungsproductes, der schnelleren Progredienz der Gewebsschmelzung, ist gewiss keine zufällige, sofern sie sich bei einer Anzahl von Fällen der folgenden Kategorie wiederholt.

Fall 11 (J. Israël).

Wolff. N., 31 Jahre alt, Glasermeister, bekam im August 1880 beim Schlucken heftige Schmerzen an der rechten Seite des Rachens, welche 4 Tage anhielten. Nach Aufhören der Schmerzen entwickelte sich eine haselnussgrosse indolente Schwellung in der rechten Submaxillargegend, mittwegs zwischen Spina mentalis und Kieferwinkel. Nach einer Fahrt im offenen Wagen über Land bei schlechtem Wetter wurde die Geschwulst durch 8 Tage hindurch schmerzhaft. Dann wuchs dieselbe und rückte allmälig nach unten und innen, unter Annahme einer platten Form, während sie in dem Maasse ihres Herabrückens oben sich verschmälerte, so dass ein harter, fingerdicker Strang sich von dem Ausgangspunkte desselben bis zu der Stelle ihres jetzigen Sitzes sich erstreckte. Allmälig schwand dieser Strang; seit ca. 4 Wochen befindet sich die Geschwulst in der Mittellinie des Halses und war bis vor Kurzem ganz hart anzufühlen. Status: 1. December 1881. Vor der Cartilago thyreoidea, ein wenig rechts von der Mittellinie zeigt sich ein Taubenei-grosser, elastischer, pseudofluctuirender Tumor, über welchem die Haut geröthet und unverschiebbar ist. Der Tumor ist auf seiner Unterlage verschiebbar und vom Larynx abzuheben. Die Submaxillargegend ist ganz frei: Die Zähne sind intact und vollzählig, mit Ausnahme des linken Weisheitszahnes, der vor 4 Jahren extrahirt worden ist, weil er nicht gehörig durchbrechen wollte und zu häufigen Schwellungen der Backe Veranlassung gab. Der Pharynx ist catarrhalisch geröthet, sondert reichlich glasigen Schleim ab. In dem ausgespieenen Schleim finden sich zahlreiche weisse, den Strahlenpilzen makroskopisch an Form und Grösse gleichende Körnchen, welche ganz aus Leptothrix bestehen. Nach Incision der Geschwulst entleert sich verhältnissmässig wenig trübflüssiger Inhalt mit Aktinomyces vermischt. Heilung nach Ausschabung.

Der Fall ist nach zwei Richtungen bemerkenswerth. Während nämlich hier die Zähne nicht angeschuldigt werden können, in irgend einer Beziehung zu der Erkrankung zu stehen, schliesst sich derselbe unmittelbar an eine Pharyngitis und Tonsillitis dextra an, und zwar derart, dass bald nach Ablauf der letzteren auf der ihr entsprechenden rechten Seite eine submaxillare Geschwulst auftritt, aus welcher sich nach der sehr genauen Beobachtung des Patienten die jetzige Erkrankung entwickelt hat. In Beziehung auf dieses ätiologische Verhältniss ist vielleicht nicht ohne Belang der Reichthum des pharyngitischen Absonderungsproduktes an Leptothrixkörnchen — ein Verhalten, welches lebhaft an den von mir in Virchow's Archiv, Bd. 78, beschriebenen Fall erinnert, welcher unter No. 22 in dieser Arbeit noch einmal kurz recapitulirt wird.

Als zweite Thatsache von Bedeutung ist zu nennen, dass eine in der Mitte des Halses auf dem Schildknorpel liegende aktinomykotische Geschwulst hervorgegangen ist aus einer ursprünglich submaxillar gelegenen, ohne dass an dem Orte des ersten Auftretens oder auf dem durchwanderten Wege die geringste Andeutung einer Abweichung von dem normalen Verhalten sich noch finden liess; dass ferner hier der Modus der Wanderung schrittweise durch den sehr intelligenten Patienten beobachtet und ohne Examiniren präcise referirt wurde; in Uebereinstimmung mit gleichen Erfahrungen, auf die wir bei früher besprochenen Fällen hingewiesen haben.

Diese Thatsache der Wanderung der Affection durch weite Strecken, ohne Hinterlassung von Spuren auf der zurückgelegten Bahn ist wohl im Gedächtnisse zu halten, weil sie geeignet ist, ein Licht zu werfen auf die Pathogenese mancher Fälle, in welchen der Herd fern von einem der Canäle des Körpers angetroffen wird, welche für gewöhnlich dem Pilze den Zugang in das Körperinnere gewähren. Das bezieht sich namentlich auf einen Theil der als primäre praevertebrale Aktinomykosen aufgefassten Fälle, auf welche wir unter Gruppe II. und IV. wiederholt Gelegenheit haben werden, ausführlicher einzugehen.

d) Localisation der Krankheit am Oberkiefer.

Fall 12 (J. Israël).

Bei einem Patienten fand sich am Alveolarfortsatze des Oberkiefers unmittelbar oberhalb eines cariösen Backzahns ein seit langer Zeit bestehender subperiostaler Abscess, in welchem neben miliaren Pilzkörnern anderer Gattung deutliche Strahlenpilze nachgewiesen wurden.

e) Localisation der Krankheit in der Backen-Wangengegend.

Fall 13 (J. Israël).

Moritz A., 23 Jahre alt, israelitischer Religionslehrer, hat viel an hohlen Zähnen gelitten; seit zwei Jahren bekommt er allmonatlich linkerseits eine dicke Backe ohne wesentliche Schmerzen. Vor 3 Monaten entwickelte sich unter Trismus spurius eine stärkere Schwellung der linken Wange als gewöhnlich; daselbst kam es zur Bildung einer pflaumengrossen Prominenz, welche incidirt wurde. Wegen Wiederansammlung des Inhalts wurde eine zweite Incision nöthig. Da auch diese erfolglos blieb, wurde der erste und der vierte cariöse obere Backzahn der linken Seite extrahirt. An der Stelle der incidirten Prominenz war es zu einer derben Verhärtung der Wange gekommen, daneben aber hatte sich ein neuer Abscess gebildet.

Status, 12. März 1884. An der linken Wange, 4 Ctm. nach aussen vom Mundwinkel, in der Höhe des Alveolarfortsatzes vom Oberkiefer findet sich eine ca. markstückgrosse, harte, etwas eingezogene Stelle, welche von einer feinen Oeffnung durchbohrt ist. Lateralwärts schliesst sich daran eine fluctuirende Prominenz, bedeckt von etwas livide gefärbter Haut. — Bei Palpation vom Munde her fühlt man einen harten Strang von der Alveole des extrahirten 4. oberen Backzahns nach der indurirten Stelle der Wange verlaufen. Es gelingt, eine feine Sonde von der fistulösen Oeffnung der indurirten Wangenpartie durch genannten Strang hindurch vorzuschieben und bis auf eine vom Periost entblösste Stelle des Oberkiefers dicht oberhalb der Alveole für den 4. Backzahn zu gelangen.

Operation. Incision der Wangenabscesse; Entleerung von aktinomyceshaltigem spärlichen Eiter. Die incidirte Abscesshöhle communicirt durch einen subcutanen Gang mit der Fistelöffnung der medianwärts befindlichen indurirten Stelle. Der Communicationsgang wird gespalten; ein scharfer Löffel wird in den von der Wangeninduration nach dem Processus alveolaris führenden Verbindungsgang eingeführt und der Knochen abgeschabt. Da dieses auf genanntem Wege nur in geringer Ausdehnung möglich ist, so wird vom Munde her eine Incision durch das Zahnfleisch gemacht, das Periost abgehebelt und die Oberfläche des Alveolarfortsatzes, sowie die Facialfläche des Oberkiefers energisch abgekratzt. Desinfection mit 2 ⁰/₀₀ Sublimatlösung, Jodoformverband, Heilung.

Aus dem Umstande, dass der Verbindungsstrang zwischen Kiefer und Wange, genau an dem Rande der Alveole des vierten oberen Backzahns seinen Ursprung nimmt, desselben Zahnes, welcher cariös war und häufig zu Kieferperiostitiden Veranlassung gegeben hatte, bevor der Process auf die Wange übergriff, geht evident hervor, dass in dem kranken Zahne die Pforte für die Einwanderung der Aktinomyces zu suchen ist.

Dieser Verbindungsstrang zwischen Alveolarfortsatz und Wange ist von besonderer diagnostischer Wichtigkeit für die uns beschäftigende Krankheit, sofern er den Weg der Ueberwanderung des Pilzes vom Kiefer auf das Gesicht darstellt. Wir finden einen ganz gleichen Befund im Falle 15, welcher in seinen ersten Stadien ein völliges Analogon des oben besprochenen Falles bildet, in seinem weiteren Verlaufe aber die Consequenzen einer nicht rechtzeitigen Diagnosestellung und dem zu Folge unrichtiger Therapie zeigt. Bezüglich der Aetiologie mag hervorgehoben werden, dass der Genuss von aktinomykotischem Schweinefleisch, welcher seit Dunker's Entdeckung in den Bereich der möglichen Ursachen gezogen werden kann, in diesem Falle bestimmt nicht in Frage kommt, da Patient, ein jüdischer Cultusbeamter in einer hyperortodoxen polnischen Gemeinde, mit Sicherheit angab, niemals in seiner Nahrung von den jüdischen Ritualgesetzen abgewichen zu sein, welche bekanntlich den Genuss von Schweinefleisch ausschliessen.

Fall 14 (W. Knight Treves).

Ein 45jähriger Ziegelbrenner erkrankte vor $1^1/_2$ Jahren mit einer Entzündung in der Gegend des linken Kiefergelenks, welche einige Incisionen erforderte. Seitdem hatten sich in dem erkrankten Bezirke eine Anzahl kleiner weicher Geschwülste gebildet.

Status: 5 grössere und einige kleinere zwischen Kiefer und seitlicher Halsgegend bis hinab auf die 4. Rippe verstreut liegende fungoide Tumoren von glatter Oberfläche, etwas elastisch und pseudofluctuirend; die bedeckende Haut dünn und roth. Die Tumoren abscediren, der entleerte Eiter enthält Aktinomyces.

Dieser ist der erste in England publicirte Fall von Aktinomykose beim Menschen.

Fall 15 (J. Israël).

Helene M., 21 Jahre, erkrankte Mitte August 1882, nachdem sie früher öfter an Zahnschmerzen im Bereiche der rechtsseitigen obern Backzähne gelitten hatte, an einer dicken Backe rechts. Die Anschwellung betraf wesentlich die Gegend vor dem Ohre, dabei konnte der Mund nur wenig geöffnet werden. Nach 6 Tagen begann die Geschwulst zu fallen, nach 3 Wochen völlige Rückbildung. Eine Woche später wurde der 2. obere Backzahn der rechten Seite extrahirt. Ende October 1882 bemerkte Patientin aussen und unten vom rechten Mundwinkel einen Fleck von livider Farbe, welcher das Centrum eines haselnussgrossen harten, in der Dicke der Wange fühlbaren Infiltrates bildete. Die Incision entleerte nur wenige

Eitertropfen. Fast gleichzeitig trat ein kleinerer Knoten aussen vom rechten Augenwinkel auf, der erweichte, dann incidirt und ausgeschabt wurde. Nach und nach traten 8 derartige Knötchen im Bereiche der Wange auf, welche sämmtlich incidirt wurden. Pat. schildert deren Entstehung folgendermassen. Der Eruption gehen geringe Schmerzen voran; dann bemerkt sie zuerst einen rothen Fleck, in dessen Bereich und nächster Umgebung die Backe sich hart anfühlt. An der Stelle besteht geringer Druckschmerz und Hitzegefühl. Der kleine rothe Fleck baucht sich dann als ein kleiner Buckel hervor, der erweicht und nach Incision und Entleerung einiger Tropfen Eiters sich schnell zurückbildet.

Status: 10. Februar 1883. Die rechte Wange ist im Vergleiche zur linken abgeflacht und eingezogen. Beim Aufmachen des Mundes kann der rechte Mundwinkel nicht in demselben Grade geöffnet werden wie der linke. 2 Ctm. nach aussen vom rechten Mundwinkel befindet sich eine wulstig prominente Narbe, umgeben von einigen napfförmigen flachen Einziehungen. In diesem etwa zweimarkstückgrossen Bezirke ist die ganze Dicke der Wange in eine harte schwielige Platte verwandelt, über welcher die Haut nicht verschiebbar ist. Die Härte wird namentlich gut gefühlt bei gleichzeitiger Palpation von der Haut- und Schleimhautseite. Dabei stellt sich heraus, dass diese Schwiele das periphere Ende eines harten, narbigen Stranges darstellt, der von dem Tuber maxillae superioris entspringend nach der Wange zieht. Dieser Strang ist es, der die volle Eröffnung des Mundes hindert. Ueber dem Processus orbitalis des Jochbeins zeigt die Haut eine halbkugelige, halbkirschengrosse pseudofluctuirende Prominenz von etwas livider Färbung. Nach aussen unten von derselben liegt unter der Haut ein 20pfennigstückgrosses unebenes Infiltrat, zum Theil mit der Cutis verschmolzen. Medianwärts von letzterer eine erbsengrosse Härte in der Wangenhaut. Von dem untern Rande des Jochbeins zieht senkrecht auf der Wange herab bis zu der erst beschriebenen, aussen vom Mundwinkel befindlichen, wulstigen Narbe ein ca. 3 Mm. breiter prominenter Streifen von bläulicher Farbe und weicher Consistenz, der bei geringem Drucke aus einer feinen Oeffnung eine leicht sanguinolente Flüssigkeit hervortreten lässt, in welcher eine Anzahl kleiner weisser Aktinomyceskörnchen makroskopisch und mikroskopisch erkannt werden. -- Schmerzhaftigkeit ist nicht vorhanden. Der obere 2. Backzahn rechts ist extrahirt, die übrigen Oberzähne der Seite anscheinend gesund. Rechts unten Caries des 2., 3. u. 4. Backzahns. Links unten fehlen die 3 letzten Backzähne; links oben der erste; der 3. cariös.

12. Februar. Sämmtliche Knoten werden gespalten und nach Abtragung der Hautdecke ausgeschabt. Sie bestehen aus weissfleckigem Granulationsgewebe und wenig aktinomyceshaltiger Flüssigkeit. Der Grund ist derb, fibrös. Vielfach subcutane Communication der einzelnen Herde; die verbindenden Gänge werden durch Spaltung der Haut freigelegt.

Während die operirten Stellen vernarben, bilden sich auf der Backe und über dem Jochbein neue kleine Pilzherde. Auch die bereits vernarbten Stellen erweichen wieder, unter Neubildung von Granulationsgewebe und aktinomyceshaltigem Eiter unter der Narbe. Stets wiederholte Spaltung nnd Ausschabung erfolglos.

Am 13. April wird dieselbe Operation an dem inzwischen in seiner Mitte erweichten, nach aussen vom Mundwinkel gelegenen Infiltrate vorgenommen, von dem aus sich der beschriebene narbige Strang nach dem Oberkiefer erstreckte. Es gelingt nach der Ausschabung eine fistulöse Oeffnung zu entdecken, von der aus die Sonde in dem beschriebenen Strange bis zu dem entblösst anzufühlenden Oberkiefer unmittelbar oberhalb der Alveole des extrahirten 2. Backzahns vordringt. Auf demselben Wege wird ein kleiner scharfer Löffel eingeführt und die Oberfläche des Oberkiefers abgeschabt. Dabei wird die Umschlagsfalte der Schleimhaut von der Wange zum Zahnfleische perforirt. Durch die erweiterte Perforationsöffnung wird der Knochen noch einmal gründlich abgeschabt und durch dieselbe Jodoformgaze zwischen Kiefer und Wange eingeführt.

Auch diese Operation war erfolglos. Nach voraufgehenden Schmerzen und dem Gefühle „einer rieselnden Flüssigkeit" bildeten sich theils neue kleine erbsengrosse Herdchen, theils erweichten wieder alte Narben, brachen auf und entleerten Pilzkörner.

Infolge dessen wurde bei einer dritten Operation am 22. Mai directer auf den Ausgangspunkt der Erkrankung losgegangen. Vom Munde aus wurde eine Incision durch das Zahnfleisch der rechten obern Backzähne auf den Kiefer gemacht, der von dort entspringende, nach der Wange ziehende Narbenstrang mit Elevatorium und Messer vom Knochen abgetrennt bis zur völligen Freilegung der Facialfläche und der Tuberositas des Oberkiefers. Diese Flächen werden sehr energisch mit dem scharfen Löffel abgeschabt, wodurch eine Schicht erweichten Knochens entfernt wird, bis man auf Knochen normal harter Consistenz kommt. Desinfection der Wundflächen mit 8proc. Chlorzinklösung — Einführung von Jodoformgazebauschen zwischen Kiefer und Wange. Die nun abgelöste Wange fühlt sich zwischen 2 Fingern derb narbig schwielig an. Leider war auch diese Operation erfolglos in Bezug auf die Recidive, und so entschloss ich mich zu einem radicalen Eingriffe, der den ganzen Bezirk der Weichtheil- und der Knochenerkrankung entfernen sollte.

Radicalexstirpation am 11. September. Ein grosser halbmondförmiger, nach unten convexer Schnitt beginnt unterhalb des rechten Nasenflügels in der Nasolabialfalte, geht hart am Mundwinkel vorbei und wendet sich in einem grossen nach unten convexen Bogen wiederansteigend bis zum Tragus. Der Schnitt durchdringt die Mundschleimhaut. Der Lappen wird in die Höhe präparirt, so weit er nicht mit dem festen Narbengewebe verwachsen ist, welches die Wange an den Kiefer heftet. Dieser von Narben, Fisteln und kleinen infiltrirten Knoten durchsetzte mittlere Theil der Wange wird dreieckig umschnitten, derart, dass die Spitze am Jochbein liegt, die

Basis mit dem grossen Bogenschnitt zusammenfällt und nun wird die Ex-stirpation der gesammten krankhaft und narbig veränderten Weichtheilmasse ausgeführt, indem sie mit dem Elevatorium aus der Fossa canina, mit der Scheere von dem Masseter gelöst and aus der Tiefe der Fossa retromaxilla-ris excidirt wird, bis wohin sich die Gewebsinduration erstreckte. Von der nun freigelegten Facialfläche des Oberkiefers wurde mit dem Hohlmeissel eine dünne Schicht entfernt; die 2 letzten oberen und ein cariöser unterer Backzahn extrahirt. Der Wangendefect wurde durch eine Plastik ver-schlossen und Heilung per primam intentionem erzielt. Diese ist eine dauerhafte geblieben bis zum Abschlusse dieser Arbeit im September 1884.

Der beschriebene Fall giebt einen deutlichen Aufschluss über die Pathogenese der Affection. Die Krankheit beginnt mit einer durch Caries des zweiten oberen Backzahnes hervorge-rufenen Oberkieferperiostitis, welche zunächst rückgängig wird. Dann wandert der mykotische Process insensibel und langsam vom Alveolarfortsatze des Oberkiefers nach der Wange, indem er seinen Weg hart oberhalb der Umschlagstelle der Schleimhaut von dem Zahnfleische zur Wange nimmt, und letztere in ihrer ganzen Dicke durchsetzend, nach Ablauf von 10 Wochen aussen vom Mundwinkel erscheint. Der seitens der Pilze vom Orte ihrer Einwanderung bis zu dem Punkte ihrer Erscheinung auf der Oberfläche zurückgelegte Weg wird bezeichnet durch den vom Oberkiefer zur Backe verlaufenden Strang. Dieser Strang widersetzt sich durch seine Spannung der vollständigen Eröff-nung des Mundes; er bedingt einen mässigen Grad von Kiefer-klemme. Dem Nachweise dieses Stranges kommt eine erheb-liche diagnostische Wichtigkeit zu, denn er liefert den Beweis, dass die Affection der Weichtheile des Gesichts keine primäre, sondern von dem zahntragenden Theile des Kiefers herüber-geleitete ist. Nachdem der Process einmal auf die Weichtheile überwandert ist, kriecht er sowohl im subcutanen wie im retro-maxillaren Fettgewebe weiter, indem er feine Gänge minirt, um welche sich eine narbige Verdichtung des durchsetzten Bezirks bildet.

Hier und da kommt es zu kleinen Eruptionen an der Ober-fläche, indem sich periodisch kleine erweichende abscedirende Herde bilden, welche sich nach Eröffnung bald schliessen, nach unbe-

2*

stimmter Zeit aber immer wieder füllen, sich erheben und wieder aufbrechen.

Zur Heilung gelangte der Process erst, als nach 15 monatlichem Bestande zur ausgiebigen rücksichtslosen Exstirpation des gesammten indurirten Gewebes geschritten wurde. Die steten Recidive sind sicher den in letzterem trotz aller Abscesseröffnungen und Ausschabungen zurückgebliebenen Pilzkeimen zu verdanken; denn alle therapeutischen Massnahmen, welche sich gegen den Oberkieferknochen richteten, in der Vorstellung, dass hier ein Herd sich befinden möge, der zu immer neuer Pilzinvasion in die Weichtheile führe, waren erfolglos.

Die Krankheitsform ist trotz ihrer langen Dauer, ihrer hartnäckigen Recidive als eine beningne zu bezeichnen, da sie weder die Constitution der Patientin im geringsten angegriffen hat, noch eine über einen verhältnissmässig engen Bezirk hinausgehende Verbreitung gezeigt hat. Vielleicht in ursächlicher Beziehung zu dieser verhältnissmässigen Gutartigkeit steht die Thatsache des sehr spärlichen Befundes der Aktinomycesdrusen, im Gegensatz zu der Reichhaltigkeit der Pilzdrusen in den malignen Fällen der Gruppe II.

Fall 16 (Ponfick).

August Barunke, Barbier, 45 Jahre. Beginn des Leidens angeblich sofort nach der ca. 14 Monate ante mortem erfolgten Extraction des letzten oberen Backzahns rechts. Alsbald starke Schwellung der rechten Gesichtshälfte, späterhin auf Hals und Nacken übergreifend. Stetig sich steigernde Kieferklemme. Ununterbrochen wiederkehrende Eruption von Eiterhöhlen und Fistelgängen in den genannten Regionen. Erschwerung des Kauens und Schlingens. Tod in Marasmus.

Sectionsbefund. Tiefe Knochennarbe an Stelle des letzten Backzahnes rechts oben. Schwielige Umwandlung der inneren und äusseren Kaumuskeln, verbunden mit massenhaften Hohlgängen, Granulationsherden und Aufbrüchen in der ganzen rechten Hälfte des Gesichts und Halses, sowie am Hinterhaupt und Nacken beiderseits. Praevertebraler Herd vom Grundbeinkörper beginnend und bis zum 4. Brustwirbel reichend, mit osteophytischer Wucherung sämmtlicher diesbezüglicher Knochen. Caries beider Atlantooccipital- und des rechten Epistrophealgelenkes. Perforation des Grundbeinkörpers und des grossen Keilbeinflügels, mit mehreren extraduralen Herden im Cavum cranii zusammenhängend. Uebergreifen auf die Pia und die Substanz des rechten Schläfen- und Stirnlappens. Alte Throm-

bose beider Vv. jugulares internae. Synechie an beiden Lungenspitzen entsprechend dem paravertebralen Herde beiderseits. Amyloide Entartung von
Milz, Nieren, Leber, Digestionstract, Nebennieren. „An Stelle des hinter-
sten Backzahnes der rechten Seite trifft man eine völlig regelrechte, jetzt
ganz ausgeglättete Narbe, die allerdings ungewöhnlich tief im Oberkiefer
liegt, nämlich genau dem Niveau des Bodens der ehemaligen Alveole
entspricht. Die einstigen Alveolenwände fehlen jetzt völlig, so dass der
Grund der Narbe continuirlich auf die etwas eingefallene und leicht osteo-
porotische Lamelle übergeht, welche das Antrum Highmori seitlich und
hinterwärts umschliesst."

Dieser bemerkenswerthe Fall zeigt nach Ausgangspunkt und
Erscheinungen im Beginn der Erkrankung eine frappante Uebereinstimmung mit No. 13 und 15. So wenig es in letzteren
beiden zweifelhaft sein kann, dass der cariöse Backzahn die
Eingangspforte der Infection gebildet hat, so klar ist es in
diesem Falle laut Anamnese und anatomischem Befunde, dass
die Zahnextractionswunde die Bresche war, durch die der Feind
eingedrungen ist. Von dem Orte der Läsion hat die Verbreitung auf das unmittelbar benachbarte Keilbein stattgefunden und
hat von hier zwei Wege genommen: einen durch die Mm. ptery-
goidei nach der Wange und den Gesichtsweichtheilen, hierdurch
eine Kieferklemme herbeiführend, den anderen nach der Schädelbasis und von da vor den Wirbeln entlang. Trotzdem der Ponfick'sche Fall eine sehr viel schwerere, verbreitetere Affection
darstellt, als der vorherbeschriebene, sind doch beide nur graduell
verschieden, zeigen nur eine Continuitätspropagation mit Ausschluss von metastatischer Generalisation der Krankheit.

Fall 17 (Partsch).

Dienstknecht M. Seit 3 Monaten soll aus einem erbsengrossen Knötchen schmerzlos unter zunehmender Kieferklemme die gegenwärtige Geschwulst entstanden sein, welche in Hühnereigrösse auf M. masseter oberhalb des Kieferwinkels sich befand. Geringe Verschieblichkeit, Ränder
hart, allmälig in die Umgebung verstreichend, in der Mitte Fluctuation.
Incision entleert 1 Kaffeelöffel seröse aktinomyceshaltige Flüssigkeit. Die
Wand der Höhle besteht aus narbig schwieligem Gewebe, besetzt mit Granulationen an ihrer Höhlenfläche. Von dieser Höhle führt ein Fistelgang
durch den Masseter hindurch in eine auf der Innenseite des Muskels gelegene Höhle. Communication der letzteren mit dem Munde nicht nachweisbar. Die Backzähne z. Th. cariös. Kiefer schien gesund. Heilung.

Der Fall ist leider in Bezug auf anamnestische Daten sehr unvollkommen mitgetheilt. Wir wissen weder, ob Zahnschmerzen oder Paruliden voraufgegangen sind, noch werden die erkrankten Zähne genauer bezeichnet. Aber aus den mitgetheilten Daten, insbesondere der Entwicklung unter Kieferklemme, geht doch mit Sicherheit hervor, dass der Process von innen nach aussen den Masseter durchwandert, also zunächst unmittelbar dem Unterkiefer aufgesessen hat, und zwar dem hinteren Abschnitte desselben, entsprechend dem Sitze der als cariös angegebenen Backzähne.

Wir werden deshalb nach Analogie der anderen Fälle, insbesondere der letztbeschriebenen, kaum fehlgehen, wenn wir auch hier die cariösen Zähne als Einwanderungspforten des Pilzes betrachten. Der Fall hat mit dem vorigen die Kieferklemme in Folge von Betheiligung der Kaumuskeln gemeinsam, ist aber von demselben durch seine grosse Benignität unterschieden, welche sich kundgiebt in dem Mangel multipler Fistelgänge, in der stark narbigen Beschaffenheit der afficirten Gewebsabschnitte, welche einen Involutionsvorgang darstellt, und in der serösen Beschaffenheit des Entzündungsproductes. Diesen Verhältnissen entspricht die überaus schnelle Heilung nach Incision' und Exstirpation der indurirten Höhlenwandungen.

Pathologie der im Gesichte und am Halse localisirten Aktinomykose.

Wenngleich es kaum zweifelhaft ist, dass fernere Beobachtungen neue Züge den bisher bekannten Krankheitsbildern hinzufügen werden, so scheint mir doch der Versuch gerechtfertigt, an der Hand der vorliegenden Erfahrungen einige gut markirte Krankheitstypen zu skizziren, unter welche sich auch die noch nicht bekannten Varietäten werden subsumiren lassen. Eine solche, vielleicht etwas schematische Systematisirung ist geeignet die Diagnostik und damit die Therapie der bisher nur von Wenigen erkannten und doch so folgenschweren Krankheit zu fördern.

In dem Vordergrunde des Interesses steht die Frage nach der Eingangspforte, durch welche die Pilze ihren Weg in die Gewebsmaschen genommen haben. Für die Beantwortung dieser Frage giebt diese Gruppe der aktinomykotischen Krankheiten befriedigende Anhaltspunkte. Es erscheint nach genauer Analyse der Fälle ganz unzweifelhaft, dass es Punkte der Mund-Rachen-höhle sind, an denen die Pilzinvasion erfolgt.

Auf diese Localität weisen sowohl die anamnestischen Daten, als auch die Topographie der Herde; ebenso die Beobachtung der Krankheitsentwicklung, wie die operative und postmortale Autopsie. In der Mund-Rachenhöhlefinden wir entweder noch zur Zeit der Untersuchung bestehende krankhafte Veränderungen mitSubstanzdefecten, welche das Einwandern des Pilzes in die Gewebsmaschen ermöglichen, oder es waren nach Angabe der Kranken solche vor und bei Beginn ihres Leidens vorhanden. Als solche prädisponirende krankhafte Veränderungen müssen in erster Linie cariöse Zerstörungen an den Zähnen betrachtet werden; in zweiter Reihe Verletzungen und Fisteln der Kiefer knochen, endlich entzündliche Processe am Pharynx und den Tonsillen. Zum Beweise mögen folgende Thatsachen dienen. Unter den 17 Fällen dieser ersten Gruppe finden sich 15 Mal Angaben über den Zustand der Zähne oder der Kiefer.

Diese 15 verwerthbaren Fälle lehren Folgendes:

1) Die Coincidenz der an Gesicht und Hals localisirten Aktinomykose mit Zahn-, resp. Kieferkrankheiten und Ver-letzungen konnte 14 Mal constatirt werden, ist also die Regel.

2) Die Localisation der Aktinomykose ist abhängig von dem Sitze der Zahn-, resp. Kieferaffection.

Dieser Schluss ergiebt sich aus folgenden Thatsachen:

a) Unter den 14 Fällen wurden Zahn- oder Kieferaffectionen kein einziges Mal auf derjenigen Seite vermisst, welche dem Sitze der Aktinomykose entsprach.

b) In denjenigen Fällen, wo die Erkrankung der Zähne oder des Kiefers auf eine Seite beschränkt war, wurde die Aktinomykose stets auf derselben, nie auf der entgegengesetzten Seite angetroffen.

c) Der Bezirk der von der Aktinomykose ergriffenen Theile ist constant ein verschiedener, je nachdem die Zahn- oder Kieferaffection der Mandibula oder dem Oberkiefer angehört.

d) In drei Fällen (No. 2, 7, 12), in welchen nur ein einziger Zahn cariös war, entsprach der Sitz des aktinomykotischen Herdes am Kiefer genau der Stelle des kranken Zahnes.

3) In 4 Fällen (No. 1, 13, 15, 16) konnte durch operative oder postmortale Autopsie der Ausgangspunkt der Erkrankung von der Alveole des erkrankten Zahnes oder letzterem selbst festgestellt werden.

4) In einem Falle (No. 2) konnte dargethan werden, dass im Wurzelcanale des kranken Zahnes ganz charakteristische Pilzformen sich fanden, identisch mit solchen, welche in dem mykotischen Abscesse am Kieferrande constatirt wurden, — Beweis, dass die Pilze im Stande sind, aus kranken Zähnen in die Körpergewebe vorzudringen.

War nun in allen diesen 14 Fällen eine Affection der Zähne oder der Kiefer nachweisbar mit Bildung von Gewebsdefecten, welche geeignet waren, den Pilzen Eingangspforten zu schaffen, so finden wir in dem letzten noch übrig bleibenden Falle die Angabe, dass sich eine rechtsseitige Aktinomykose am Halse im unmittelbaren Anschlusse an eine gleichseitige Tonsillitis entwickelt habe. Darf man die Tonsillenaffection in Verbindung bringen mit der nachfolgenden Krankheit? Ich glaube, dass man diese Vorstellung nicht von der Hand weisen kann. Es ist a priori nicht wohl einzusehen, warum nicht von jeder Stelle der Mund-Rachenhöhle aus eine Einwanderung der Pilze in die Saftbahnen stattfinden kann, wenn ähnliche Bedingungen gegeben sind, wie an den Orten, wo nachweisbar die Invasion verhältnissmässig so oft statthatt, nämlich den hohlen Zähnen, den durch Zahnextraction eröffneten Alveolen und den Kieferfisteln. Diese Bedingungen bestehen erstens in dem Vorhandensein von Hohlräumen, welche Schlupfwinkel für die Pilze abgeben, wo sie sich fangen und durch die Kau-, Schling- und Sprechbewegungen nicht leicht von der Stelle geschafft werden können, zweitens in einer Verringerung des Widerstandes, den intacte Oberflächen gesunder Gewebe dem Eindringen von Pilzen leisten. Beide Bedingungen können an einer entzündeten Tonsille vorhanden sein. Die vielfachen folliculären Krypten der Mandel sind schon bei gesunden Menschen häufig ein Lieblingssitz für Pilzansammlungen; eine entzündliche Affection des Organs kann durch Epithelverlust, durch Bildung der so häufigen kleinen Abscesse der Penetration von Pilzen in die Saftbahnen Gelegenheit genug geben.

Kommt nun noch die Erschwerung des Schlingens, des Sprechens, des Ausspeiens hinzu, so stagnirt der Inhalt der Mund-Rachenhöhle in höherem Grade als bei gesunden Verhältnissen, und stets kommt es zur Wucherung von Pilzen mit der Entwicklung der bekannten Zersetzungsvorgänge, welche den Fötor ex ore hervorbringen. Für die Aufnahme von Mikroorganismen durch die Mandeln kommt bei der Angina noch als begünstigendes Moment hinzu, dass beim Hinabschlingen von Bissen durch den verengten Isthmus faucium die in den Tonsillentaschen nistenden Pilze mechanisch in die Gewebsinterstitien hineingepresst werden. Dass diese Verhältnisse eine entzündete Mandel zur Eingangspforte für Pilze geeignet machen, unterliegt danach wohl keinem Zweifel. Findet man dann, wie in unserem Falle, später keine Läsion mehr an der Mandel, so spricht das so wenig gegen die eben entwickelte Vorstellung, wie die Thatsache, dass auch Zahnextractionswunden in den Fällen vollkommen vernarbt gefunden wurden, wo sie, wie im Falle 16, in ganz sicher gestellter Weise den Locus invasionis der Aktinomykose abgegeben haben*).

Gehen wir nun über zur Betrachtung des topographischen Verhaltens der Aktinomykose an Gesicht und Hals, so ergiebt sich, dass, je nach dem Orte, von dem aus die Pilzeinwanderung stattgefunden hat, die Localisation eine eigenartige ist. Demgemäss zerfallen die Fälle dieser ersten Gruppe in zwei gesondert zu betrachtende Abtheilungen:

1) in Fälle, die von Erkrankungen und Läsionen im Be-

---

*) Vergl. die Anmerkung zu Fall 37.

reiche des Unterkiefers incl. der Unterzähne ihren Ausgangspunkt nehmen;

2) in Fälle, die vom Oberkiefer und seinen Zähnen ausgehen.

Weitere Beobachtungen werden wahrscheinlich noch eine
dritte Abtheilung aufstellen lassen, welche die Fälle umfasst,
in denen der Pilz von anderen Punkten der Mund-Rachenhöhle
eingewandert ist, in specie von den Tonsillen.

Die erste Kategorie, die Pilzinvasion vom Unterkiefer aus, ist die häufigste, wahrscheinlich deshalb, weil
die Häufigkeit der Zahncaries im Unterkiefer über diejenige
im Oberkiefer überwiegt. Bei den Fällen dieser Kategorie
finden sich die Krankheitsherde entweder central in der Mandibula oder hart am Rande des Unterkiefers, oder in der
Submaxillar-, resp. Submentalgegend, oder endlich sie werden
weiter unten am Halse getroffen, theils in der Fossa carotidea,
theils in oder nahe der Mittellinie. Die central im Knochen
gelegenen scheinen beim Menschen sehr selten vorzukommen.
Ebenso selten ist es, dass der Process sich vom aufsteigenden
Kieferaste aus einen Weg quer durch den M. masseter bahnt.
Die paramandibulären Herde sitzen als eine entweder mehr circumscripte, häufiger als eine diffuse harte Schwellung dem Unterkiefer fest an, vorwiegend den Angulus mandibulae umgebend;
auch erstrecken sie sich manchmal eine Strecke weit am aufsteigenden Aste hinauf. Nicht selten steigt von dem unteren
Umfange der Schwellung ein strangförmiger Fortsatz am Halse
hinab.

Die submaxillar gelegenen Herde zeigen entweder keine
nachweisbare Verbindung mit dem Unterkiefer, oder es lässt
sich eine narbige strangförmige Fortsetzung derselben nach der
Richtung zum Kiefer hin verfolgen. Dasselbe gilt von den
weiter unten am Halse gelegenen Localisationen. Eruirt man
nun anamnestisch die Entwicklung der getrennt vom Unterkiefer, also in der Submaxillargegend und weiter abwärts am
Halse befindlichen Herde, so erfährt man oft, dass die Affection
ursprünglich dicht am Kiefer gesessen und allmälig herabge-
wandert sei, gewöhnlich in der Richtung nach unten und innen,

und zwar habe sich zuerst der Weg der Wanderung noch an einem Strange nachweisen lassen, der von dem Kiefer zu dem oberen Pole der Geschwulst verlief. Der betreffende Strang ist in einer Anzahl von Fällen laut Aussage der Patienten mit der Zeit verschwunden, so dass kein Connex mehr zwischen Kiefer und Geschwulst zu finden war. Diese Angaben entsprechen nun thatsächlich dem objectiven Befunde. Denn, wie schon erwähnt, kann man in einigen Fällen noch sehr wohl constatiren, dass ein walzenförmiger oder strangförmiger, bisweilen narbenähnlich derber Ausläufer von der Geschwulst nach der Gegend des Kieferwinkels zu sich erstreckt. Aus diesen Thatsachen scheint hervorzugehen, dass die beschriebenen drei topographischen Varietäten für einen Theil der Fälle nur Phasen eines und desselben Processes sind, entsprechend verschiedenen Zeitpunkten seines Bestehens. Es kann demnach eine Geschwulst hart am Kiefer beginnen und nach Ablauf einiger Monate in der Höhe des Ringknorpels gefunden werden. Immerhin scheint für einen Theil der Fälle doch der erste Beginn getrennt vom Kiefer in der Submaxillargegend zu liegen, wenn die Angaben der Patienten zuverlässig sind.

Gleichviel nun, wo diese Geschwülste entstehen, so sind sie im Beginne stets hart anzufühlen und lassen die Haut zunächst unverändert. Ihr Verlauf ist in rein aktinomykotischen Fällen niemals ein ganz acut entzündlicher, sondern ein langsamer torpider, der sich meist über mehrere Monate ausdehnt und seinen Beginn kaum durch auffällige Schmerzhaftigkeit verräth. Erst bei längerem Bestande und den damit verbundenen Veränderungen in der Anschwellung kann Empfindlichkeit auftreten. Eine Betheiligung des Allgemeinbefindens bei den streng localisirten Processen, mit denen wir es hier zu thun haben, ist nicht oder nur ganz ausnahmsweise vorhanden. Die eben erwähnten secundären Veränderungen bestehen in partieller, seltener in totaler Erweichung der Geschwulst, wobei dieselbe zunächst das Gefühl der Pseudofluctuation, später das der deutlichen Fluctuation giebt. Es hängt dieses von der Menge der Flüssigkeit ab, welche man findet. Dieselbe ist mit wenigen Ausnahmen verhältnissmässig spärlich; vorwiegend besteht die Anschwellung

aus Granulationsgewebe in verschiedenen Stadien der Verfettung;
doch kann dasselbe in einigen Fällen zum grössten Theile
durch flüssigen Inhalt ersetzt werden. Was nun den letzteren
selbst anbetrifft, so ist dieser in der Mehrzahl der Fälle dünnflüssig, seropurulent, nicht riechend und enthält die charakteristischen Pilzkörner suspendirt. Nur ein einziges Mal fand sich
ein stinkender Inhalt, und gerade in diesem Falle war ausnahmsweise die ganze Geschwulst verflüssigt. Entwickelt sich nun der
Process weiter ungestört, so brechen die erweichten Stellen auf,
und können sich in seltenen Fällen wieder schliessen; häufiger
persistiren spärlich secernirende Fisteln. Eine zweite Art von
Veränderung, welcher die in Rede stehenden krankhaften Bildungen unterworfen sind, besteht in einer Schrumpfung und
Verhärtung unter Ersatz des Granulationsgewebes durch narben-
ähnliches Bindegewebe, also einer Art von Spontanheilung.

Es kommt aber nicht zu einer solchen Rückbildung in der ganzen
Ausdehnung der krankhaften Veränderungen, sondern nur in den
ältesten Theilen, so dass, ähnlich wie beim Skirrhus oder bei
manchen syphilitischen Processen, auf der einen Seite eine narbige Schrumpfung, auf der anderen eine pathologische Zellen-
wucherung resp. Abscedirung stattfinden kann. Im Bereiche dieser
narbigen Schrumpfung können sich hier und dort noch Inseln
von pilzhaltigem Granulationsgewebe erhalten, welches seiner-
seits einer Erweichung und Eiterung unterliegen kann, die nach
aussen auf gewundenen Wegen zum Durchbruch kommt und
somit Fistelgänge erzeugt, welche das schwielig indurirte Gewebe durchsetzen. Dieser combinirte Process der Schrumpfung
der ältesten (dem Kiefer nächstgelegenen) Abschnitte und der
peripheren Anbildung neuen aktinomykotischen Granulationsgewebes ist nun die Ursache des scheinbaren Hinabwanderns
der Affection vom Kiefer nach dem Halse; das Product der
bindegewebig-narbigen Rückbildung sind jene festen Verbindungs-
stränge, die man öfter zwischen dem Kieferwinkel und den tiefer
unten gelegenen Geschwülsten der Regio submaxillaris oder me-
diana colli constatiren kann.

Fast niemals nimmt die Bildung von Granulationsgewebe
in diesen Fällen Dimensionen an, welche durch umschriebene

Prominenz über das Niveau der gesunden Umgebung den groben
Eindruck eines Tumors hervorbrächten, in dem Sinne wie ein
Sarcom, ein Lipom als Tumoren zu bezeichnen sind, sondern die
Schwellungen sind diffuse, nicht sehr prominent und machen
klinisch betrachtet durchaus den Eindruck chronischer Entzün-
dungen, im Gegensatze zu den entsprechenden Affectionen des
Rindes, bei welchem die Gewebsbildung so gewaltig ist, dass
ihre Producte als sarcomatöse Geschwülste imponiren.

In den Fällen, welche als eine harte Schwellung den Kieferwinkel und den aufsteigenden Ast umgeben, stellt sich mit dem
Leiden bisweilen eine Kieferklemme ein, welche offenbar auf
eine Betheiligung der Kaumuskelansätze am Unterkiefer zu beziehen ist. Es scheint das namentlich in den Fällen sich ein-
zustellen, bei welchen der entzündliche Charakter mehr in den
Vordergrund tritt, wo gleich von vornherein Schmerzen geklagt werden, ja ausnahmsweise einmal initiales Fieber beobachtet wird.

Eine Erkrankung des Unterkieferknochens selbst ist selten;
derselbe wird wohl häufiger bei eintretender periostaler und
parostealer Eiterung stellenweise vom Perioste entblösst und
rauh, aber eine specifisch aktinomykotische centrale Erkrankung
des Knochens, ähnlich derjenigen des Rindes, ist bisher von mir
nur einmal, wenn auch in viel geringeren Dimensionen als bei
letzterem, beobachtet worden.

Soweit hier geschildert, gehen unsere Kenntnisse von der
Aktinomykose, die vom Unterkiefer her in die Gewebe eindringt.
Gewiss aber werden wir bei Zunahme unserer Erfahrungen noch
Varianten in Bezug auf die Ausbreitung des Processes kennen
lernen. Haben wir doch schon in einem Falle gesehen, dass
nach Ausheilung des Processes am Kieferwinkel Recidive der
Aktinomykose in Gestalt von kleinen Knötchen an der Schläfen-
gegend auftraten.

Noch weniger ausgiebig sind unsere Erfahrungen über das
Krankheitsbild, wenn die Pilzinvasion vom Oberkiefer aus-
geht. In den Fällen dieser Art, sofern die Gegend der letzten Backzähne die Eingangspforte darstellt, ergreift der Process die seitlichen Weichtheile des Gesichts, also die Backen, Wangen, Jochbein und Schläfengegend. Hierhin gelangt er, indem er entweder

die inneren und äusseren Kaumuskeln durchwandert und damit eine zur Kieferklemme führende Entzündung der Musculatur mit Ausgang in schwielig bindegewebige Degeneration hervorruft, oder er kriecht submucös längs der Umschlagsstelle vom Zahnfleisch zur Backe und gelangt am vorderen Rande der Kaumuskeln ohne Durchsetzung derselben an die Oberfläche des Gesichts. In diesem Falle kann man vom Munde aus den Weg der Wanderung als einen Strang palpiren, der vom Alveolarfortsatze des Oberkiefers nach der Backe läuft und sich der völligen Eröffnung des Mundes durch Anspannung widersetzt.

Wenn der Process äusserlich sichtbar wird, hat er schon bei der Langsamkeit seiner Progredienz erhebliche Veränderungen an den tiefgelegenen Weichtheilen, also den Kaumuskeln und dem buccalen und retromaxillaren Fettgewebe hervorgebracht. Durch das genannte Verhalten unterscheidet sich diese Kategorie wesentlich von den vom Unterkiefer ausgehenden Processen, welche viel directer an die Oberfläche kommen, ehe sie viel Unheil in der Tiefe angerichtet haben. Diese Thatsache ist von groser Bedeutung für die Differenz in der Therapie und Prognose der beiden Kategorien.

Die Form, unter welcher der Process an der Oberfläche der Wange, Backe, der Schläfe wahrgenommen wird, ist eine mannigfaltige. Theils findet man diffuse, platte, harte Infiltrate, theils umschriebene Knoten und Knötchen von Kirschkern- bis Linsengrösse, welche erst hart, dann pseudofluctuirend sind, schliesslich wirkliche Abscesse darstellen. Je nach dem Alter des Herdes ist die denselben deckende Haut entweder noch intact oder schon in den Process hineingezogen, bläulich, livid gefärbt, verdünnt oder bereits durchbrochen. Nach dem Aufbruch der erweichten Herde persistiren Fisteln mit unterminirten dünnen Hauträndern, welche wenig seropurulente Flüssigkeit mit Pilzkörnern absondern, und auf gewundenen, mit einer Sonde selten passirbaren Wegen nach der Gegend des Alveolarfortsatzes vom Oberkiefer führen.

Dieser Uebergang vom Oberkiefer auf das Gesicht ist indessen bei weitem nicht der schlimmste. Bei der unmittelbaren Beziehung des Oberkiefer-Alveolarfortsatzes zum Schläfenbein und der Schädelbasis ist die Möglichkeit des Uebergreifens der Erkrankung auf letztere erklärlich. Ist das einmal erfolgt, dann kann der Process an den Knochen entlang vor der Wirbelsäule in den Mediastinalraum hinabziehen, er kann, die Schädelbasis durchfressend, das Gehirn attaquiren, er wandert durch die Nackenmusculatur, nachdem er die Wirbelverbindungen zerstört hat.

Aus den wenigen hier geschilderten Erfahrungen geht soviel schon hervor, dass die Prognose der vom Oberkiefer ausgehenden aktinomykotischen Processe eine viel ernstere ist, als die der mandibularen. Was letztere betrifft, so sind die bisher beobachteten Fälle alle gutartiger Natur gewesen. Es genügte zur Heilung entweder die Begünstigung der Elimination der Pilze durch Incision der Herde, oder die Entfernung des pilzhaltigen Granulationsgewebes durch Ausschabung; in einem Falle musste der Kiefer aufgemeisselt werden, um das Evidement des Herdes vorzunehmen, in einem anderen Falle resecirte man gar die eine Kieferhälfte; meistens wird es umsoweniger nöthig sein, zu so rigorösen Massnahmen seine Zuflucht zu nehmen, als der Knochen mit wenigen Ausnahmen, wenn überhaupt, nur an der Oberfläche arrodirt zu sein pflegt. Es ist aber trotz dem Gesagten nicht ausgeschlossen, dass Fälle dieser Kategorie auch einmal grössere Malignität entwickeln können. Die Gefahr, welche dem Körper von der Aktinomykose droht, hängt zwar zunächst wesentlich von dem Orte der Pilzansiedelung ab, von der Dignität der betroffenen Organe und von deren Zugängigkeit für operative Eingriffe behufs Entfernung des erkrankten Gewebes. In zweiter Linie aber scheint auch dem Pilze selbst eine nicht immer gleiche Malignität zuzukommen, d. h. er scheint nicht in allen Fällen diejenige Energie zu besitzen, welche in den bösartigen Fällen die erstaunlichen, extensiv und intensiv enormen Zerstörungen der Gewebe hervorzubringen vermag. Ob diese Malignität einfach proportional seiner Vermehrungsfähigkeit ist, oder dem maligneren Pilze gefährlichere Eigenschaften des Stoffwechsels zukommen, welche ihm durch Schädigung der Gewebe den Weg für seine Propagation bahnen, kann noch nicht entschieden werden; es giebt, wie wir später sehen werden, Thatsachen, welche für beide Möglichkeiten verwerthet werden können. Ein Vergleich von Fall 15 mit Fall 16 illustrirt das Gesagte: bei beiden derselbe Ausgangspunkt, aber welche Verschiedenheit in der Propagationsfähigkeit und zerstörenden Kraft der Pilze!

Aber selbst Fall 15, der noch zu den benignen gehört, zeigt mit wie viel schwereren Eingriffen bei den vom Oberkiefer ausgehenden Processen die Heilung zu erkaufen ist, als bei den mandibularen.

Ueber die Fälle, in welchen die Pilzinvasion etwa von den Tonsillen oder anderen Stellen des Rachens erfolgt, kann etwas Allgemeingültiges nicht ausgesagt werden. Die einzige dahin gehörige Erfahrung ist an dem Fall 10 gemacht; vielleicht gehört auch der unter Gruppe IV. abgehandelte Fall 36 dahin.

Gruppe II. Primärentwicklung der Mykose in dem Respirationsapparat.

Unter dieser Rubrik fasse ich 9 Fälle zusammen, von denen 3 meiner eigenen Beobachtung angehören (darunter eine hier zum ersten Male veröffentlichte), ein 4., dessen Autopsie ich beiwohnte, mir gütigst zur Verwerthung überlassen ist, endlich 5 von anderer Seite bereits publicirt worden sind. Von diesen letzteren haben 3 Seitens ihrer Beobachter eine andere Deutung bezüglich des Primärsitzes der Erkrankung erfahren, indem derselbe theils in das praevertebrale Gewebe, theils in die Cutis verlegt wurde. Ich werde bei jedem Falle ausführlich nachweisen, was mich zu der abweichenden Anschauung veranlasst, auf deren Begründung ich grossen Werth legen zu müssen glaube.

a) Localisation auf der Bronchialschleimhaut (Bronchitis actinomycotica).

Fall 18 (Canali).

Corinna Varesco, 15jähriges Mädchen, stammt von gesunden Eltern; ein Bruder starb im 18. Jahre an chronischer Lungenaffection. Das Leiden der Patientin begann vor 8 Jahren mit Fieber, Husten, spärlichem Auswurfe. Das Fieber schwand nach 10 Tagen, der Husten aber steigerte sich. Nach einigen Monaten stellten sich unter Exacerbationen des Katarrhs kurze Fieberanfälle mit Frösten ein, welche sich circa wöchentlich wiederholten und mit Schweiss endeten. Seit dieser Zeit begann das Bronchialsecret foetide zu werden und blieb so bis zur Aufnahme der Pat. in die Klinik.

Status. Guter Ernährungszustand; normale Farbe, guter Thoraxbau; gleichmässige inspiratorische Ausdehnung des Brustkorbs. 20—24 Respir. in der Minute. Auskultation ergiebt Schnurren über den ganzen Thorax, namentlich hinten, vermischt mit sparsamem klanglosem Rasseln; überall rauh vesiculäres Athemgeräusch. Percussion giebt durchweg normale Verhältnisse. Der 2. Pulmonalton ein wenig verstärkt. Das Sputum stinkend, spärlich, zäh, gelb mit kleinen grünlichen Massen, von saurer Reaction, theilt sich nach dem Stehen in 2 Schichten, deren obere reichlichere aus klarem Schleim besteht, die untere zähere ein gelbliches Sediment bildet. Die mikroskopische Untersuchung des Sputum ergiebt viel Eiterkörper, viel Lungenepithelzellen und überreichliche Aktinomyces, hier und da unregelmässige Kalkmassen, völlig löslich in Salzsäure. Wenn das Sputum 3 oder 4 Tage stand, entwickelten sich darin unter Zunahme des Foetors Bacterien, Leptothrix, Fettsäurenadeln. Ausserdem waren auch dann noch, aber schwieriger, die Aktinomyceselemente zu erkennen. — Die Zunge wie die ganze Mundschleimhaut von normaler Farbe ohne irgend einen Foetor in der Respirationspause. Ebenso ergab die Untersuchung der Nasenschleimhaut normalen Befund und die Abwesenheit putriden Secrets. — Durch Inhalation von Terpentin und Carbolsäure wurde wohl der Foetor vermindert, aber schwand nicht, ebensowenig wie die Aktinomyces im Sputum.

Der Fall ist von erheblichem Interesse nach zweierlei Richtungen. Denn erstens ist diese die einzige Beobachtung von Entwickelung der Aktinomyces auf der Schleimhautoberfläche und im catarrhalischen Secret des Respirationsapparates, ohne nachweisbare tiefere Schädigungdes Parenchyms, trotz 7jährigen Bestandes der Krankheit. Es ist ja richtig, dass die physicalische Untersuchung nicht mit ganzer Sicherheit kleine Lungenherde ausschliessen lässt; aber nach unseren bisherigen Erfahrungen würden nach so langer Dauer der Krankheit aktinomykotische

Degenerationsprocesse im Lungenparenchym sicher sowohl zu nachweisbaren localen Veränderungen (Verdichtung und Schrumpfung, Fortleitung auf Pleura und Brustwand) geführt, als auch Beeinträchtigung des Allgemeinbefindens herbeigeführt haben, wovon in diesem Falle keine Andeutung vorhanden ist.

Der zweite Punkt von hohem Interesse ist der Nachweis einer putriden Zersetzung des Sputums unter dem Einflusse des Aktinomyces. Es handelt sich hier nicht etwa um das Product einer gewöhnlichen putriden Bronchitis, in welcher die Aktinomyces als accidentelle Bestandtheile vegetirten, sondern diese neue Form der Bronchitis zeigt besondere Charaktere, welche sie von der gewöhnlichen putriden unterscheiden. Während bei letzterer das Sputum sehr reichlich, dünnflüssig, dreischichtig ist und die bekannten gelben Pfröpfe enthält, in welchen sich die specifischen Gährungserreger, der sogenannte 'Leptothrix pulmonalis, sowie Fettsäurenadeln finden, war in dem vorliegenden Falle das Sputum spärlich, zäh, zweischichtig und zeigte, frisch entleert, von pilzlichen Elementen ausschliesslich die Aktinomyces.

Dieser Fall bietet eine Stütze für meine schon in früheren Arbeiten ausgesprochene Ansicht, dass der Aktinomyces unter Umständen eine putride Zersetzung der Eiweisskörper zu bewirken vermag. Denn eine Putrescenz frisch abgesonderter, nicht in pathologischen Hohlräumen stagnirender Sputa, also Zersetzung innerhalb nicht erweiterter Bronchialröhren, ist durchaus keine gewöhnliche Fäulnisserscheinung, sondern war bisher nur beobachtet als specifischer Effect der als Leptothrix pulmonalis bezeichneten, in Form der bekannten kleinen talgartig-schmierigen Pfröpfe auftretenden Pilze. Sind letztere nicht vorhanden, an ihrer Statt dagegen ein neuer Pilz als einzig constantes mykotisches Element im Auswurfe nachweisbar, so liegt es nahe, diesen neuen Pilz als den Zersetzungserreger anzusprechen. Ob nun der Aktinomyces blos im Schleimhautsecret vegetirte oder in die oberflächlichen Lagen der Schleimhaut wirklich hineingewachsen war, ist Mangels Autopsie nicht zu entscheiden. Dass aber der Pilz auf der Schleimhaut ein flächenhaftes, auf die Epithelschicht beschränktes Wachsthum entwickeln kann, beweist für die Darmmukosa die Beobachtung von Chiari (Fall 27).

b) Localisation der Aktinomykose im Lungenparenchym mit Propagation auf die Pleura, das peripleurale oder praevertebrale Gewebe.

Fall 19 (J. Israël).

Joseph W., 20 Jahre alt, Commis in einem Leinengeschäfte, war selbst nie lungenleidend, ebensowenig wie seine Eltern und 8 gesunden Geschwister. Er hat sehr viel an Zahnschmerzen gelitten, hat auch eine Zahnfistel gehabt, von der man noch die Narbe am linksseitigen Unterkieferrande findet. Sonst hatte Patient nur wiederholt über eine brennende Empfindung an beiden Rippenrändern während mehrerer Sommer zu leiden, wenn er viel gelaufen war. Den Beginn der jetzigen Erkrankung datirt Patient von dem 15. December 1882. Nachdem er tagsüber sich noch ganz gesund gefühlt, bekam er in der Nacht starke Schmerzen an den linksseitigen unteren Rippen. Trotzdem ging er noch Tags darauf in das Geschäft. Als der Schmerz aber bis zum nächsten Tage anhielt, consultirte er seinen Hausarzt. Dieser constatirte eine Schrumpfung der linken Thoraxhälfte, ebenda eine Dämpfung, welche vorn an der 4. Rippe, hinten von der Mitte der Scapula beginnend, sich bis unten hin erstreckte. Im Dämpfungsbezirk war der Stimmfremitus ganz aufgehoben; das Herz war 4 Ctm. über den rechten Sternalrand verdrängt. Die Temperatur war elevirt bis 39⁰. Nach 5—6 Tagen war Patient entfiebert; 14 Tage nach Beginn der Erkrankung konnte er wieder ins Geschäft gehen und fühlte sich durch 8 Tage lang relativ wohl. Dann bekam er von Neuem Stiche vorn und seitlich in der Gegend der untern Rippen links. Seitdem ist er bettlägerig und hochfieberhaft. Ende Januar 1883 constatirten die behandelnden Aerzte folgenden Status. Starke Blässe; stark remittirendes Fieber mit Abendtemperaturen bis 40⁰. In der rechten Brusthälfte nichts Abnormes. Links die Zeichen eines mittelgrossen pleuritischen Ergusses, Dämpfung an der Spina Scapulae beginnend, nach unten an Intensität zunehmend, Pectoralfremitus abgeschwächt. In den Lungenspitzen nichts Verdächtiges. Auffallend war eine starke spontane und Druckschmerzhaftigkeit der untersten Rippen links, ohne Röthung oder Schwellung der darüber befindlichen Haut. Eine am 11. Februar im 5. Intercostalraum zwischen Mamillar- und Axillarlinie ausgeführte Punktion mit feinem Trokart und Aspirationsapparat lieferte keinen Tropfen Flüssigkeit. Einige Wochen später war die Extensität und Intensität der Dämpfung bedeutend geringer geworden trotz Andauer der gleichen Fieberverhältnisse.' Aber die Schmerzhaftigkeit an den untern Rippen hatte zugenommen und jetzt war daselbst eine leichte Schwellung und geringe Röthung der Haut bemerkbar, in deren Bereiche man das Gefühl der Pseudofluctuation wahrnahm. Im Laufe der nächsten Wochen nahm

weder die Schwellung noch die Röthung erheblich zu, ebensowenig wurde
das Fluctuationsgefühl deutlicher. Der Fremitus stellte sich successive
wieder her, das früher bronchiale Athmen wurde unbestimmt. Mehrfache
Probepunktionen sowohl an der Stelle der Schwellung wie hinten hatten
negatives Resultat. Am 23. März 1883 sah ich den Kranken zum ersten
Male und erhob folgenden Befund.

Pat. war ein mittelgrosser, schwächlich angelegter Mensch von auffallend blasser, einen Stich ins Gelbliche zeigender Hautfarbe. Muskulatur
schlaff, abgemagert, Fettpolster gering. Die Hauttemperatur fieberhaft er-
höht; Puls 126, geringe Spannung der A. radialis. Die Zähne sind lückenhaft, fast alle vorhandenen hochgradig cariös und von einer dicken, gelblich
weissen, drusig höckerigen Schicht überzogen, welche schmierig weich ist,
sich leicht abschaben lässt und nach mikroskopischer Untersuchung aus enormen Anhäufungen von Leptothrix besteht. Auf der Zunge und am linken
Gaumenbogen einige Soorflecke. Am linken Unterkieferrande eine von einer
Zahnfistel herstammende Narbe. Respiration 32 in der Minute, costo-abdo-
minal; die linke Thoraxseite betheiligt sich nur in geringem Maasse an den
Respirationsbewegungen. Dieselbe ist in allen Durchmessern verkleinert,
besonders ausgesprochen ist eine Schrumpfung im transversalen Durchmesser
von der linken Mammilla abwärts. Die Entfernung der rechten Brustwarze
von der Medianlinie 11 $\frac{1}{2}$, die der linken 9 $\frac{1}{2}$ Ctm. In der linken Seitenwand,
über der 7. bis 10. Rippe, zwischen Mammillarlinie und Axillarlinie befindet
sich eine flachhalbkugelige diffuse, in die Umgebung verstreichende Prominenz, im Centrum livide röthlich, an der Peripherie oedematös, pseudofluctuirend, sehr schmerzhaft auf Berührung. Im Anschluss an diese Geschwulst findet sich eine oedematöse Schwellung der linken seitlichen Bauchwand zwischen der letzten Rippe und der Crista ilei, welche sich nach hinten
auf den unteren Theil der hinteren Thoraxwand und auf die Lumbalgegend
erstreckt. Druck im Bereiche des Oedems über dem untersten Theile der
hinteren Brustwand ist empfindlich. In der Regio cordis bemerkt man bei
jeder Systole eine deutliche Erschütterung der Brustwand; durch die letztere hindurch kann man den peristaltischen Ablauf der Herzcontractionen
wahrnehmen. Die physikalische Untersuchung der Brustorgane ergiebt folgendes: Rechts vorn lauter Schall bis zur 6. Rippe, woselbst die obere
Lebergrenze beginnt. Rechts hinten lauter Schall an der ganzen Thoraxwand; über der ganzen rechten Lunge vesiculäres Athmen. Links vorn
oberhalb wie unterhalb der Clavicula lauter, ganz leicht verkürzter Schall
mit etwas tympanitischem Beiklange, der in der Höhe der 4. Rippe ziemlich
unvermittelt in eine absolute Dämpfung übergeht, welche den Rest der vorderen Brustwand einnimmt. Hinten links in der Fossa supraspinata ganz
leichte Verkürzung des Percussionsschalles; unter der Mitte der Scapula
beginnt eine absolute die ganze linke Rückseite einnehmende Dämpfung.
Ebenso ist an der ganzen linken Seitenwand der Schall gedämpft unterhalb
der Linie, welche die vordere und hintere obere Dämpfungsgrenze verbindet.

Links vorn oberhalb der Dämpfung Vesiculärathmen, unterhalb der Dämpfungsgrenze stark abgeschwächtes Athemgeräusch. Links hinten oben im Bereiche des lauten Percussionsschalles das Vesiculärathmen ein wenig abgeschwächt, im Bereiche der Dämpfung ganz schwaches unbestimmtes Inspirium, bronchiales Exspirium. Fremitus links abgeschwächt, aber nicht aufgehoben.

Der Herzspitzenstoss ist im 4. Intercostalraum 2 Querfingerbreit nach innen von der Mammillarlinie fühlbar. Die Herzdämpfung überragt nach rechts den Sternalrand um 3 Querfingerbreiten. Die Herztöne sind rein; über der Pulmonalarterie hört man ein den Herztönen nicht ganz isochrones schabendes Geräusch.

Die Leberdämpfung, an der 6. Rippe beginnend, überragt nur ganz wenig den Rippenrand. Der Rand der Milz ist nicht fühlbar.

Urin frei von Albumen, hochgestellt mit starkem Sediment von harnsauren Salzen.

Auf Grund dieses Befundes stellte ich gleich bei der ersten Consultation die Wahrscheinlichkeits-Diagnose einer primären Lungenaktinomykose mit secundärer Pleuritis und Peripleuritis. Wie diese Diagnose construirt wurde, werde ich später auseinandersetzen. Zur Prüfung der Richtigkeit derselben machte ich mit der Pravazspritze die Punktion der Schwellung über den unteren Rippen und aspirirte in die Canüle einen minimalen Tropfen Flüssigkeit mit einem grieskorngrossen Körperchen, welches sich mikroskopisch als ein Aktinomycesrasen, reich besetzt mit den charakteristischen Keulen, erwies. Damit war die Diagnose aus dem Bereiche der Wahrscheinlichkeit in das der Sicherheit erhoben.

Die weitere Beobachtung ergab mit Hinweglassung des Unwesentlichen folgende Thatsachen:

25. März: Temp. Morgens 37,8, Abends 39,4. Puls 124. Resp. 28. Wenig Husten mit spärlichem Auswurf. Derselbe ist schleimig eitrig, geballt. Jeder Ballen besteht aus einem Convolut von schleimig eitrigen Fäden, welche offenbar aus den feinen Bronchien stammen. Beim Ausbreiten derselben findet man von denselben eingeschlossen eine Anzahl Aktinomyceskörner von ungewöhnlicher Grösse und grüner Farbe. Dieselben zeigen bei mikroskopischer Untersuchung eine ungemein grosse Mannigfaltigkeit in der Form der keulenförmigen Körper, insbesondere sind die durch Sprossung entstandenen handförmigen massenhaft vertreten. Die übrigen mikroskopisch wahrnehmbaren Bestandtheile des Sputums sind Eiterkörperchen, Fetttröpfchen und einige den Alveolarepithelien gleichende Zellen. —

Abends trat unter einem antiseptischen Verbande eine Spontaneröffnung der Geschwulst über den untersten Rippen ein, wobei sich 1—2 Esslöffel voll grünen schleimig zähen, eigenartig foetide stinkenden Eiters entleerten, in dem unzählige Aktinomyceskörnchen suspendirt waren. Die Grösse derselben variirt von Grieskorngrösse bis zu Kugeln von 2 Mm.

Durchmesser. Die kleinen Exemplare sind farblos, die grossen hellgrün bis dunkelgrün. Jodoformverband.

26. März: Temp. Morg. 38,5. Puls 100. Resp. 28. Temp. Ab. 37,8. Ausser dem gestern geschilderten ist heute einige Male ein hämorrhagisches Sputum entleert worden, welches durchscheinend, zäh am Glase haftet. Dasselbe, von etwas süsslichem Geruche, ähnelt ein wenig dem pneumonischen Sputum; es enthält eingeschlossen einige Aktinomyceskörner. Mikroskopisch enthält es rothe Blutkörper, Cylinderepithelien, Fetttröpfchen, grosskernige platte Zellen von rhombischer oder kugeliger Form, in der Grösse der Alveolarepithelien, und ausser den Aktinomyces unzählige Spaltpilze aller Formen. Elastische Fasern nicht vorhanden. —

Mittags 1 Uhr Spaltung der Haut über dem Abscesse von der Durchbruchsstelle aus jederseits in $4^1/_2$ Ctm. Ausdehnung, so weit die Unterminirung reicht. Senkrecht darauf nach unten eine zweite Spaltung. Zunächst strömt reichlich ca. 3 Esslöffel voll zähen grünen specifisch foetide riechenden Eiters aus, durchsetzt von unzähligen sehr grossen grünen Pilzkörnern. Unter der Haut präsentirt sich ein goldgelb gesprenkeltes mürbes Gewebe, welches schon unter leisem Fingerdruck zusammenbricht, dabei ungewöhnlich stark blutet, und zwar aus zerrissenen kleinen Arterien, welche das Gewebe durchsetzen. Der Finger dringt bei der Palpation sofort unter Zertrümmerung dieses Gewebes durch den 6. oder 7. Intercostalraum in einen flachen, hinter den Rippen gelegenen Hohlraum, welcher in dem senkrecht zur Brustwand stehenden Durchmesser eine sehr geringe Ausdehnung hat und gegen die Lungenseite hin von einer resistenten Wand begrenzt ist. Die untere der Rippen, an denen der Finger vorbeipassirt, ist vom Periost entblösst, an ihrem oberen Rande und an ihrer pleuralen Fläche rauh zerfressen. Bei der Ausschabung dieses brüchigen, gelbgesprenkelten Gewebes erkennt man, dass es sich nicht durch eine festere fibröse Grenzschicht von dem gesunden Gewebe scharf abgrenzt, — ein Verhalten, welches die Ausschabung lupöser oder fungöser Massen so sehr erleichtert; vielmehr wird die brüchige Granulationsmasse von Strängen durchsetzt, welche, mit der gesunden Umgebung zusammenhängend, dem Versuche der Ausschabung Widerstand leisten und bei Gewaltanwendung zerrissen werden. Diese Stränge sind z. Th. nekrotische Bindegewebszüge, wie ihr trübes, blasses, mattes Aussehen beweist, z. Th. aber sind es Gefässe, insbesondere Arterien, deren Zerreissung eine so profuse Blutung bedingte, dass die Ausschabung unterbrochen und die Höhle mit Jodoformgaze tamponirt werden musste. — Trockenpräparate des stinkenden Eiters nach Koch's Methode gefärbt und mit Zeiss' Oelimmersion und Abbé'scher Beleuchtung untersucht, lassen weder Mikrococcen, noch stäbchenförmige Schizomyceten erkennen; der Eiter enthält also ausschliesslich Aktinomyces.

27. März: Temp. Morg. 37,6. 108. Abends 38,4. Die Untersuchung

des vor meinen Augen in ein absolut sauber von mir gereinigtes Trink-
glas entleerten Urins ergiebt folgenden Befund: Derselbe ist stark sauer,
frei von Eiweiss und lässt beim Erkalten sehr schnell Urate fallen. Eben
entleert, ist er ganz klar, bis auf vereinzelte weisse nahe dem Boden
schwimmende Flöckchen von kaum Grieskorngrösse. Ihre Consistenz ist
weich, doch lassen sie sich mit einer Staarnadel an der Seitenwand des
Glases hinaufwälzen. Unzerquetscht mit Hartnack Obj. VII. betrachtet,
haben sie einen saepiabraunen Farbenton. Diese Flöckchen bestehen aus
einer geweblichen Grundlage, welche ganz durchsetzt und überlagert ist
von zoogloeaartig gelagerten Stäbchen verschiedenster Länge; stellenweise kommen auch, wie es scheint, runde coccenähnliche Formen vor.
Ueber die Structur der geweblichen Grundlage ist nichts Bestimmtes auszusagen, da dieselbe ganz verschleiert ist durch die Mikroorganismen.
So weit zu erkennen, schien sie aus geschichteten platten Epithelien zu
bestehen. Die Stäbchen führen lebhafte Eigenbewegungen aus. Bei Zu-
satz von Kalilauge verschwindet die braune Farbe, das Object wird durch-
sichtiger und nun erkennt man ausser den Stäbchenformen noch kurze,
theils gestreckte, theils wellige, theils spiralige Fäden, sowie bandartig
platte in $1\frac{1}{2}$ Spiraldrehung gewundene Gebilde, sämmtlich Eigenbewegungen ausführend. Ausserdem findet man hier und da sehr wohlerhaltene,
ganz unzweifelhafte keulenförmige Körper, einige sogar von sehr beträcht-
licher Grösse, mit ihrem characteristisch öligen, metallischen Glanze.

Ausser diesen morphologisch ganz wohl erhaltenen Keulen findet man
nun reichlich Körper von demselben Glanze, demselben ölig oder metallisch
schimmernden Aussehen wie die Keulen, aber von unregelmässiger Form
und variabler Grösse, als .wenn sie Fragmente der Keulen darstellten.
Manchmal sieht man ein Agglomerat solcher theils runden, theils eckigen
Körper, welches, als Ganzes betrachtet, noch einen birnenförmigen Contour
hat. Häufiger findet man diese glänzenden Schollen isolirt durch das ganze
Gesichtsfeld zerstreut, von theils runder, theils ovoider, theils unregelmässig eckiger Gestalt; in ihrem unmittelbaren Umkreise finden sich oft
kleine Körner verschiedener Grösse und unregelmässiger Form von demselben characteristischen Glanze. —

Diese sämmtlichen mit dem Urin ausgeschiedenen pilzlichen Elemente sind von der gleichen Beschaffenheit, wie
die in dem dicken Belag auf den Zähnen desselben Patienten
constatirten.

Das heutige Sputum, in Wasser aufgefangen, ist weisslich, geballt
und ähnelt makroskopisch etwas dem phthisischen. Es ist frei von elastischen Fasern und schliesst Aktinomyceskörner ein. Eines dieser Pilzkörner
besteht zu einem Theile nur aus radiär ausstrahlenden Fäden ohne Keulen,
während andere Theile desselben Kornes sehr reich an letzteren sind.

29. März: Temp. Morg. 37,8, Ab. 38,8. Puls 128 dichrot. Urinmenge
1000. Spec. Gew. 1016. Beim Verbandwechsel entquillt der Wunde circa

1 Theelöffel voll Eiters, enorm reich an Pilzkörnern. Die Schmerzhaftigkeit am Rücken hat abgenommen.

30. März: Temp. Morg. 38,2. Puls 120. Ab. 39,0. Die Menge des Sputums nimmt immer mehr ab.

31. März: Temp. Morg. 38,0, Ab. 39,4. Verbandwechsel; minimale Eitersecretion. Ueber den 4 untersten Rippen links hinten ein neuer Abscess, keine Hautröthe. In diesem Bezirke Druckschmerz. Die oedematöse Schwellung der linken Bauch- und Lendengegend ist verschwunden.

Die Untersuchung des Blutes ergiebt eine erhebliche Zunahme der weissen Blutkörper, deren grösserer Theil stark granulirt ist, ausserdem eine Anzahl Körner und unregelmässig geformter Schollen von dem metallisch-öligem Glanze der Keulen.

In den nun folgenden Tagen hält sich das Fieber des Morgens um 38,0, des Abends um 39,0. Schmerzen sind nicht vorhanden, der Appetit ist gut. Die Eiterabsonderung aus der Operationswunde steigt, wird höchst profuse und fördert unzählige Aktinomyceskörner zu Tage, von denen die meisten grasgrün gefärbt sind. Der Auswurf und Husten sind gering geworden. Am 6. April wird zum ersten Male etwas Eiweiss im Harne gefunden. In den folgenden Tagen mehrmals Uebelkeit und Erbrechen.

12. April: Incision des Abscesses über den untersten 4 Rippen hinten links. Es entleert sich eine enorme Menge sehr zähen specifisch übelriechenden, mit nekrotischen Gewebsfetzen gemischten Eiters, der massenhafte Aktinomyceskörner enthält von grasgrüner Farbe. In dem spärlich gewordenen Sputum sind constant die Pilzkörner zu finden. An mehreren wird mikroskopisch exquisit deutliche Quertheilung der sehr langgezogenen Keulen constatirt.

Nach der Incision erniedrigen sich für die nächsten 14 Tage die Temperaturen um einen Grad, so dass sie Morgens um 37,0, Abends um 38,0 sich halten. Die Pulsfrequenz bleibt immer unverhältnissmässig hoch. 120—128, bei geringer Spannung in der Radialarterie. Die Eitersecretion aus den Wunden ist immer noch profuse, der Pilzkorngehalt noch immer sehr bedeutend. Bei abnehmender Menge des Auswurfs nimmt der Hustenreiz zu, die Kräfte sinken. Der Urin, wieder frei von Eiweissspuren, lässt bei wiederholter Untersuchung mit denselben Cautelen dieselben mykotischen Elemente in den Flöckchen erkennen, die unter dem 27. März geschildert wurden.

21. April: An der Hinterseite des Thorax findet sich beiderseits eine von der 8. bis 12. Rippe ausgedehnte gürtelförmige oedematöse Schwellung ohne Empfindlichkeit. Die beiden Operationsstellen sind in Granulationsflächen verwandelt, deren Ränder stellenweise unterminirt sind und bei Druck und Streichen auf die Umgebung reichlich körnchenhaltigen Eiter hervorquellen lassen, dem sehr schnell eine Blutung aus dem leicht brüchigen subcutanen Granulationsgewebe folgt. An der vorderen Granulationsfläche entleert sich ein talgartig dicker Eiter in Gestalt comedonenartiger

Würste aus Gängen, welche unter den lateralen Wundrand führen. Die Haut trocken, grosse Macies. Zunge sehr roth, ohne Belag. Appetit gut, ebenso Schlaf. Keine subjectiven Klagen. Die physikalische Untersuchung der Brustorgane ergiebt keine Aenderung des Status.

1. Mai: Seit dem 29. April hat die Temperaturcurve einen stark intermittirenden Typus mit grossen Differenzen zwischen Morgen und Abend angenommen. Morgens 36,5, Abends bis 39,0. Ueber dem Herzen ein lautes pericardiales Reibegeräusch.

Der Hustenreiz hat erheblich zugenommen, so dass er die Nachtruhe stört. Auswurf gering.

Am unteren Theil der linken Seitenwand des Thorax hat sich eine neue handtellergrosse subcutane Eiterhöhle gebildet, aus welcher verschiedene Gänge zu der über den kurzen Rippen gelegenen Granulationsfläche führen, daher unter deren vorderem Rande der Eiter durch Druck auf den oberen Abscess aus verschiedenen Punkten hervorquillt.

4. Mai; Zwei neue Abscesse von Fünfmarkstückgrösse haben sich am Rücken je vor und hinter der Incisionswunde gebildet; Druck lässt den Abscessinhalt comedonenartig unter den Hauträndern hervortreten.

Die bisher gut granulirende Wunde an der Seitenwand des Thorax zeigt jetzt an einer markstückgrossen Stelle eine goldgelb gesprenkelte Beschaffenheit.

Metastasen nirgend nachweisbar. Seit einigen Tagen besteht leichtes Oedema ca. malleolos. Der Urin ist frei von Eiweiss.

7. Mai: Starke oedematöse Anschwellung des rechten Beins bis zur Hüfte hinauf. Man fühlt unterhalb Ligam. Poupartii nach innen von der Arteria femoralis einen harten Strang (Thrombosis der Vena femoralis).

Am Rücken, lateral von der Operationsstelle, hat sich eine neue fluctuirende Partie von Hühnereigrösse gebildet.

10. Mai: Die Schwäche des Patienten nimmt immer mehr zu. Temp. Morg. 37,0, Puls 132. Temp. Ab. 39,0. Die ganze Rückwand der linken Brusthälfte ist stark verdickt und oedematös. In ihrer unteren Hälfte besteht ausgedehnte eitrige Einschmelzung unter der Haut, so dass auf Streichen reichliche pilzkornhaltige Eitermassen unter den Hauträndern der granulirenden Incisionstellen hervorquellen.

12. Mai: Temp. Morg. 37,0, Ab. 37,7. Das Oedem nimmt jetzt das rechte Bein, das Skrotum und die rechte Seite der Bauchwand ein.

13. Mai: Temp. Morg. 36,6. Puls 140, Ab. 35,2. Sehr starker Hustenreiz bei spärlichem Auswurf. Seit gestern Nacht starke Brustbeklemmung, welche anfallsweise sich erheblich steigert und mit grossem Angstgefühl verbunden ist. Die Athmung ist jetzt ausschliesslich costal, auf die rechte Seite beschränkt; das Zwerchfell betheiligt sich gar nicht an der Inspiration. Genaueste physikalische Untersuchung des Thorax lässt keine Veränderung des früheren Status erkennen. Die

Eiterung am Rücken höchst profuse, scheusslich stinkend, der Eiter nicht missfarbig.

14. Mai: Temp. Morg, 36,0. Extremste Blässe, Facies hippocratica, permanente Beklemmung auf der Brust, fortwährender Husten ohne Auswurf. Der untere Leberrand steht 1 Querfinger breit oberhalb der Nabelhöhe. Abend 11¼ Uhr Exit. letalis. — Die Section wurde nicht gestattet.

Resumé des Krankheitsverlaufs.

Ein 20jähriger Mann, der viel an Zahncaries gelitten, eine Zahnfistel gehabt und wiederholt im Sommer über brennende Empfindungen an der unteren Thoraxapertur zu klagen hatte, erkrankt am 15. December 1882 fieberhaft an einer linksseitigen exsudativen Pleuritis. Nach 5 bis 6 Tagen tritt Entfieberung ein und vom 29. December ab relatives Wohlbefinden durch 8 Tage hindurch, während welcher Pat. wieder geschäftlich thätig sein konnte. Ungefähr am 7. Januar exacerbirt die Krankheit mit erneutem Fieber und Pat. wird bettlägerig. Unter Zurückbildung des Exsudates entsteht über den untersten Rippen der linken Seitenwand eine feste Anschwellung, welche ganz allmälig erweichend, am 25. März, also nach 10wöchentlichem Bestande, spontan sich öffnet und stinkenden Eiter, mit Aktinomyceskörnern gemischt, entleert. Trotz ausgiebiger operativer Eröffnung breitet sich der Process in Form einer oedematösen Infiltration auf die linke Rückenwand aus und führt daselbst ohne wesentliche entzündliche Erscheinungen nach einander zu multiplen eitrigen Einschmelzungen des subcutanen Gewebes, welche sämmtlich mit einander communiciren und einen Eiter entleeren, welcher dem durch den Spontanaufbruch zu Tage geförderten Produkte gleicht. Nachdem gleich im Anfange Symptome einer pulmonalen Erkrankung in Gestalt von Husten und specifischem pilzhaltigem Auswurfe erkennbar waren, traten dieselben im Laufe der Krankheit immer deutlicher in die Erscheinung. Zuletzt gesellt sich dazu ein entzündlicher Process des Pericardiums. Unter Fortdauer der höchst profusen Eiterung und des hektischen Fiebers tritt eine Erschöpfung der Kräfte ein; es kommt zu marantischer Thrombose der Vena cruralis dextra, und nachdem schliesslich Beklemmungsanfälle eingetreten sind mit Sistirung der Zwerchfellsathmung, erliegt Pat. dem Leiden nach fünfmonatlichem Krankenlager.

Die erste Bedingung für das Verständniss des Zusammenhanges dieser mannigfachen Krankheitserscheinungen ist die Eruirung des Ausgangspunktes der Erkrankung. Durch eine genaue Beobachtung vom ersten Beginne manifester Krankheitsäusserungen an, sind wir trotz des Mangels der Autopsie im Stande, diesem Postulate nachzukommen, und mit Sicherheit

die linke Lunge als dasjenige Organ zu bezeichnen, welches
zuerst von der Mykose ergriffen war.

Wenngleich die ersten manifesten Krankheitssymptome zweifellos auf eine acute exsudative Pleuritis zu beziehen sind, so lässt
sich doch ebenso zweifellos nachweisen, dass mit dieser Pleuritis der Krankheitsprocess nicht etwa seinen Anfang genommen,
sondern in latenter Weise schon lange bestanden hatte, ehe die
Zeichen einer acuten Betheiligung des Brustfells in die Erscheinung traten. Denn dieses latente Stadium der Krankheit hatte
bereits zu einem „Rétrécissement" der linken Thoraxhälfte geführt, als die acute pleuritische Exsudation eintrat. Mit dieser
Thatsache ist das Vorhandensein eines chronisch und latent
verlaufenden Krankheitsprocesses in der linken Brusthälfte dargethan, welcher lange vor der Zeit seinen Anfang genommen
haben musste, als mit der acuten Pleuritis die Reihe der manifesten Krankheitserscheinungen hervortrat.

Nun verdankt das „rétrécissement de la poitrine" seine
Entstehung entweder einer primären Lungenerkrankung, welche
zur Verödung und Schrumpfung des lufthaltigen Gewebes führt,
oder einer langdauernden Compression der Lunge seitens pleuritischer Exsudationsproducte, nach deren Elimination die Lunge
nicht wieder ausdehnungsfähig wird, die Pleurablätter verwachsen und die Brustwand einsinkt. Welche dieser beiden
ätiologischen Möglichkeiten haben wir im gegebenen Falle für
die Thoraxschrumpfung verantwortlich zu machen?

Meines Erachtens eine primäre Erkrankung des Lungenparenchyms. Denn während eine genuine Pleuritis nicht so
symptomlos verläuft, dass weder dem Patienten, noch seiner
Umgebung irgendwelche Krankheitserscheinungen hätten zur Per-
ception kommen sollen, dass seine körperliche Leistungsfähig-
keit nicht im Geringsten beeinträchtigt worden wäre, kommt
eine derartig latente Entwicklung bei primärem Lungenleiden
allerdings vor. Ich brauche nur zum Beweise an die so häufig
ganz schleichende und symptomlose Entwicklung der Lungen-
tuberkulose und der Lungentumoren zu erinnern. Was von
diesen beiden Krankheitskategorien gilt, greift noch in erhöhtem
Masse für die primäre Aktinomykose der Lunge Platz, eine

Thatsache, für welche wir später stringente Beweise durch Vergleichung der Krankengeschichten mit den Sectionsbefunden
beibringen werden.

Führt schon diese Erwägung zur Annahme eines primären
Lungenleidens, so giebt die Qualität des Sputums über die
aktinomykotische Natur des Lungenprocesses unzweideutigen Aufschluss. Denn der spärliche Auswurf, der makroskopisch aus
einem Convolut feiner Schleimfäden bestand, welche offenbar
den kleinsten Bronchien entstammten, enthielt die pathognomonischen Strahlenpilzkörner und bewies durch die mikroskopisch nachweisbare reichliche Beimischung von plattem Alveolar-
sowie Cylinderepithel unzweifelhaft seine Provenienz aus der
Lunge. Diesen Zeichen gesellte sich noch eine wiederholt beobachtete blutige Tinction zu, welche bei reichlichem Lungen-
epithelgehalt auf eine Ulceration im Lungenparenchym bezogen
wurde.

Steht es somit fest, dass der insensible Beginn der Erkrankung in der Lunge zu suchen ist, dass es sich also um
eine primäre Lungenaktinomykose handelt, zu welcher sich
secundär eine Pleuritis gesellt hat, so bleibt zur Klärung des
Krankheitsbildes noch übrig, die Entstehung der Brustwandaffection zu untersuchen.

Wenn nach einer acut einsetzenden Pleuritis die Fieber-
erscheinungen schwinden, wenn trotzdem die Dämpfung im untern Theil des Thorax eine stabile bleibt, und sich dann nach
Ablauf einiger Wochen eine Abscedirung an der Brustwand einstellt, so ist man leicht geneigt, die Gesammtheit dieser Erscheinungen auf ein Empyema necessitatis zu beziehen. Das ist
denn in der That von allen Aerzten, welche den Kranken vor
mir gesehen hatten, geschehen.

Die Diagnose war eine irrige: es konnte gezeigt werden,
dass die Pleuritis gar keine Beziehung zu der Affection der
äusseren Decken hatte, diese vielmehr einer directen Ueberwanderung der Aktinomykose von der Lunge auf die mit letzterer verwachsene Brustwand ihre Entstehung verdankte.

Ein Empyema necessitatis nämlich war auszuschliessen

durch den Nachweis, dass es sich überhaupt um kein Empyema gehandelt hatte, sondern um eine seröse Pleuritis. Denn die seröse Natur der letzteren documentirte sich einerseits durch den Temperaturverlauf, indem schon nach 5—6 Tagen völlige Entfieberung eintrat, andererseits durch die Resorption des Ergusses, welche, abgesehen von der physikalischen Untersuchung, durch wiederholte Probepunctionen mit negativem Resultate sicher gestellt wurde. Durch letztere wurde es zur Gewissheit, dass die im unteren Theile des Thorax nach Resorption des Ergusses persistirende Dämpfung auf eine Verdichtung des Parenchyms im Bereiche des Unterlappens der linken Lunge zu beziehen war. Hier fand sich das Rétrécissement, hier musste also eine Obliteration der Pleurahöhle vorhanden sein, hier konnte demnach ein aktinomykotischer Process von der Lunge direct auf die Brustwand übergehen, ohne einen pleuritischen Erguss zu erzeugen. Und dass dem so war, bewies die operative Autopsie, welche zeigte, dass der Abscess der Brustwand sich durch die Intercostalräume hindurch wohl zu einer peripleuralen aktinomykotischen Phlegmone verfolgen liess, die sich über das Gebiet des Unterlappens der Lunge ausdehnte, dagegen in keiner Verbindung mit der Pleurahöhle stand.

Da nun der Lungenaffection, wie aus dem Rétrécissement hervorgeht, ein höheres Alter zukommt, die peripleuritische Brustwandaffection dagegen erst unter unseren Augen entstanden ist; da ferner die letztere gerade über dem erkrankten Lungenabschnitte aufgetreten, und da endlich dieselben specifischen Pilze in dem Lungenauswurf wie in den Entzündungsproducten der Peripleuritis und Brustwandabscesse sich fanden, so ergiebt sich die Richtigkeit unserer Annahme, dass die Brustwandaffection ihre Entstehung einer Ueberwanderung des mykotischen Processes von der Lunge her verdankt.

Die durch das Uebergreifen des Processes hervorgebrachten anatomischen Veränderungen bestanden zunächst in einer Umwandlung des peripleuralen, des intercostalen und des subcutanen Gewebes in ein pulpöses, bald verfettendes Granulationsgewebe, welches später der Schmelzung durch Nekrobiose und Eiterbildung anheimfiel. Bevor diese Verflüssigung eintrat, konnte

man sich durch wiederholte Punctionen auf der Höhe und in
der Umgebung der Anschwellung über den untersten Rippen
von der Abwesenheit eines freien flüssigen, resp. eitrigen In-
haltes überzeugen.

Von dieser Stelle nun breitete sich allmälig eine Infiltration
auf die Weichtheile am Rücken aus, welche sich zuerst durch
ein pastöses blasses, ödematöses Aussehen der Rückenhaut und
durch Druckschmerzhaftigkeit im Bereiche der Rückenmusculatur
manifestirte. Allmälig kam es zu Einschmelzungen und Eiterungen im Bereiche des infiltrirten Bezirkes, so dass schliesslich
die Rückenweichtheile in grosser Ausdehnung unterminirt wurden.

Auf Grund der vorstehenden Analyse ergiebt sich folgendes
Bild der Entwicklung und des Verlaufes der Krankheit:

Zunächst entwickelt sich langsam und ohne subjectiv wahr-
nehmbare Erscheinungen eine aktinomykotische Affection der
Lunge, deren genauere anatomische Charactere an der Hand
unserer Sectionserfahrungen später besprochen werden soll.

Der Sitz der mykotischen Lungenerkrankung ist hier vorzugsweise, wenn nicht ausschliesslich der Unterlappen der
linken Lunge. Daselbst kommt es in der Umgebung der Pilzherde zu einer chronisch entzündlichen Verdichtung des Parenchyms, welche zur bindegewebigen Schrumpfung des Unterlappens, zur Verwachsung der Pleurablätter und zur Retraction
des Thorax führt. Bis hierher spielt der Krankheitsverlauf
unentdeckt ab, ohne sich dem Patienten durch Symptome
zu verrathen, wenn nicht etwa die hin und wieder bei an-
strengender Bewegung auftretenden Empfindungen von Brennen
unter dem Rippenrande auf Zerrung pleuritischer Verwachsungen zu beziehen sind. Als aber die aktinomykotischen Herde
in der Lunge sich der Lungenoberfläche nähern, sei es durch
fortschreitende Einschmelzung, sei es durch Bildung neuer
Herde in der Peripherie der älteren, da kommt es an dem
Theile des Brustraumes, wo noch eine freie Pleurahöhle besteht, zu einer exsudativen, sich später resorbirenden Pleuritis, in dem Bezirke des Unterlappens aber, wo Pulmonal-
und Costalpleura verwachsen sind, zu einer directen Ueberlei-
tung des aktinomykotischen Degenerations- und Entzündungs-

processes auf die Brustwand. Hier breitet sich die mykotische
Erkrankung zunächst flächenhaft in dem peripleuralen Bindegewebe aus und durchwandert dann die Intercostalräume, um
die bedeckenden Weichtheile des Brustkorbes in denselben Process zu beziehen. Einmal in das subcutane Gewebe gelangt,
kriecht die mykotische Gewebsveränderung über grosse Strecken
am Rücken entlang und führt nach eitriger Schmelzung zu ausgedehnter Unterminirung.

Während die Ausbreitung des Lungenprocesses auf der einen
Seite zur Pleuritis und Peripleuritis mit den geschilderten Consequenzen führt, verursacht sie auf der anderen Seite eine Affection des Pericardiums, die sich in Reibegeräuschen und in bedeutender Beschleunigung der Herzaction mit gleichzeitiger Abnahme der Arbeitskraft des Herzens ausspricht.

Schliesslich lähmt die fortschreitende Mykose die Thätigkeit des Diaphragma, vielleicht durch Uebergreifen auf die
Zwerchfellmusculatur; die Zwerchfellsathmung sistirt vollständig
unter Auftreten von starker Oppression. Zu nachweisbaren
Metastasen war es nicht gekommen. Eine Ausnahme machen
vielleicht die Nieren, insofern mit dem Urin mykotische Elemente entleert werden. Bei dem Fehlen aber von pathologischen Ausscheidungen, welche mit Sicherheit eine Nieren-
erkrankung annehmen lassen, muss es dahingestellt bleiben,
ob nicht die Pilze die Nieren nur als Excretionsorgane passirt
haben.

Die wichtigsten Ergebnisse der Betrachtung dieses Falles
lassen sich in folgende Sätze zusammenfassen:

1) Die Aktinomykose der Lunge kann unmerklich beginnen, sehr chronisch verlaufen, schliesslich zur Lungenschrumpfung führen.

2) Die charakteristischen Sputa sind schleimig-eitrige Ballen,
die aus einem Convolut feiner Schleimfäden mit eingeschlossenen
Aktinomyceskörnern bestehen. Mikroskopisch enthalten sie Eiterkörperchen, Alveolarepithel, Fetttropfen. Elastische Fasern fehlen.
Intercurrent kann das Sputum blutig werden, ist dann zäh,
durchscheinend, dem pneumonischen ähnlich und enthält ausser
Alveolarepithel und Fett, noch Cylinderzellen und Aktinomyces.

3) Die Lungenaktinomykose kann zu einer entzündlichen Erkrankung des Pericardiums und der Pleura führen. Das pleuritische Exsudat ist der Resorption fähig.

4) Die Aktinomykose kann von der Lunge auf die mit ihr verwachsene Brustwand übergreifen; die dadurch erzeugte Geschwulst der letzteren ist zuerst hart elastisch und kommt später zur Erweichung und Eiterung.

5) Der eitrige Inhalt des noch geschlossenen Brustwand-abscesses kann einen specifischen üblen Geruch haben, ohne dass andere Mikroorganismen als die Aktinomyces in ihm nachweisbar sind.

Fall 20 (Thiersch und Bahrdt).

v. N., Gelehrter, in den fünfziger Jahren, litt seit 20 Jahren an neuralgischen Schmerzen an Brust und Rücken, die einer anatomischen Diagnose ermangelten. Die Zähne waren sämmtlich schlecht, bestanden fast nur aus Wurzeln, veranlassten vor Jahren entzündliche Anschwellungen. Seit 1880 wurde er von einem chronischen Magen- und Darmkatarrh heimgesucht. Nach Beseitigung dieses Leidens ging Pat. im Sommer 1882 zu seiner Erholung nach Badenweiler. Daselbst wurde Pat. von einer ca. 14 Tage dauernden fieberhaften Krankheit unklaren Charakters befallen; etwas später entwickelten sich geringe katarrhalische Erscheinungen des Respirationsapparats, welche im October 1882 eine sehr genaue Untersuchung der Lunge durch Herrn Prof. Jürgensen veranlasste, bei welcher keine Dämpfung gefunden werden konnte. Am 14. November konnte Herr Dr. Bahrdt eine fünfmarkstückgrosse Dämpfung im 2. Intercostalraum links neben dem Sternum constatiren, während in der Regio supraclavicularis und supraspinata keine Schallveränderung vorhanden war.

Ueber der gedämpften Stelle war anfangs kein Rasseln, niemals Bronchialathmen zu hören, dagegen sehr abgeschwächtes Respirationsgeräusch und ein Knirschen, welches von Herrn Dr. Bahrdt als pleuritisches Reibungsgeräusch angesprochen, von Herrn Prof. Jürgensen später als „cirrhotisches Knarren", also auf die Lunge selbst bezogen wurde. Während der Monate November und December 1882 wurden nur leichte Temperaturschwankungen beobachtet (Morg. 36,5, Ab. 38,2 in ano). Den Winter brachte Pat. in Italien zu und konnte im Frühjahre und Sommer 1883 wieder in seinem Berufe thätig sein. An der Dämpfung hatte sich inzwischen nichts geändert; in dem spärlichen Auswurfe wurde vergeblich nach Tuberkelbacillen gesucht. Am 25. Juni 1883 wurde bei eintägigem Fieber von 38,5—39,6 das Sputum plötzlich für einen Tag blutig, dem rubiginösen ähnlich. Nach diesem Zwischenfalle trat eine palpable Betheiligung der Brustwand in die Erscheinung. Mitte Juli wurde an der vorderen Brustfläche links, entsprechend den beiden oberen Zwischenrippenräumen, eine bis zur Mittellinie des Brustbeins reichende Anschwellung constatirt, von Handgrösse, flachgewölbt, derb, druckempfindlich, über welcher die Haut keine Verfärbung zeigte. In 14 Tagen wölbte sich an einzelnen Stellen die Haut und wurde roth; es trat Erweichung ein und man erhielt beim Aussaugen mit einer Pravaz'schen Spritze einige Tropfen Eiter, in dem weissgelbliche Körnchen sich befanden. Das Mikroskop ergab sofort die Gegenwart des Strahlenpilzes. Nicht lange darauf wurde er auch im Sputum entdeckt. Ob er nicht schon früher darin gewesen, steht dahin. Seitdem haben sich noch mehrere Aufbruchstellen gebildet. In den folgenden 4 Wochen legten sich die Wandungen der Erweichungshöhle auf dem Brustbein aneinander zu scheinbarer Heilung, dagegen schritt die Anschwellung längs 'der ersten und zweiten Rippe weiter nach der Axillarlinie. Husten und Auswurf sehr spärlich; Percussion vorne unausführbar; Schall hinten links etwas kürzer als rechts.

Trotzdem der Verlauf seit der Betheiligung der Brustwand an dem Processe ein hoch febriler war (Abend bis 39,5), hoben sich doch bei reichlicher Nahrungsaufnahme die Kräfte seit dem August, so dass Pat. Tags über ausser dem Bette zubringen konnte. Anfangs October trat plötzlich ein heftiger Paroxysmus von Schüttelfrost (40,5) auf, dem eine Anzahl gleicher weiterhin folgte.

In der Nacht vom 25. zum 26. October 1883 Exitus letalis.

Sectionsbefund: Leichnam im Zustande vorgeschrittener Fäulniss. Die Haut über der linken Thoraxhälfte von der 2. bis 6. Rippe grün verfärbt, verdünnt, unterminirt, mehrfach durchlöchert. Die linke Infraclaviculargegend ist etwas eingesunken. Nach Zurückpräpariren der Weichtheile zeigen sich in den obersten Intercostalräumen rechts und links vom Sternum einige Löcher, welche eine Sonde direct in das Cavum thoracis dringen lassen. Nach Entfernung vom Sternum und Rippenknorpeln zeigt sich die linke Lunge vorn in der Ausdehnung von der 2. bis zur 5. Rippe in eine matsche, breiig erweichte Masse verwandelt, durchsetzt von etwas resistenteren gelbweiss und goldgelb gesprenkelten Gewebstheilen, welche sich als Fetzen aus dem Erweichungsbrei herausheben lassen. An dem entfernten Stücke der Brustwand bleibt eine dünne fetzige Schicht Lungengewebes haften, in welchem die gefleckten Einsprengungen gleichfalls wahrgenommen werden.

Die Sonde führte durch die Löcher der Zwischenrippenräume direct in die beschriebene Erweichungszone der Lunge, welche die Vorderfläche vom unteren Theile des Oberlappens und vom oberen Theil des Unterlappens einnahm. Hinter dieser erweichten Partie findet sich der untere Abschnitt des Oberlappens theilweise in ein schwielig derbes, von weissgelben Zügen durchsetztes Gewebe verwandelt. Die Spitze und Basis der linken Lunge sind frei von krankhaften Veränderungen. Die Pleurablätter mit Ausnahme der Spitze und der Basis fest mit einander verwachsen. Die peripleurale Bindegewebsschicht zwischen Pleura costalis und Brustwand ist vorn und in der linken Seite zu einem zunderartig fetzigen bräunlichen

Gewebe degenerirt, in dessen Bereiche ein kleiner Abschnitt des axillaren Theils der 4. Rippe vom Periost entblösst ist. Zwischen Sternum und Herzbeutel eine Ansammlnng jauchigen Eiters; in diese Eiterhöhle des Mediastinum anticum gelangt man von den rechts vom Sternum gelegenen Fistelöffnungen aus mit der Sonde. — Auf Epi- und Pericardium fibrinöse Auflagerungen. Die rechte Lunge frei von Herderkrankungen ausser einer peribronchitischen Schwiele in der Spitze. In Leber, Milz und Niere keine Herderkrankungen. Weder an der Wirbelsäule noch im praevertebralen Gewebe irgend welche Anomalien.

Vorstehender Fall zeichnet sich durch seinen einfachen, verhältnissmässig uncomplicirten Verlauf vor allen anderen derselben Kategorie aus. Es handelt sich ganz unzweifelhaft um ein primäres, ganz chronisch verlaufendes aktinomykotisches Leiden der linken Lunge, welches nach Verwachsung der Pleurablätter allmälig zum Durchbruch nach aussen durch die Brustwand hindurch führte. Das wird bewiesen durch den Nachweis der chronischen Lungenaffection 7 Monate vor Betheiligung der Brustwand an der Erkrankung, ferner durch den anatomischen Nachweis vom Fehlen jeder anderen Organerkrankung, welche auf dem Wege der directen Fortleitung oder der metastatischen Verschleppung das Lungenleiden hätte hervorbringen können. Diese Beobachtung füllt eine Lücke aus, welche sich bei allen anderen Fällen dieser Kategorie bemerkbar macht — nämlich die objective Constatirung der primären Lungenaffection zu einer Zeit, wo dieselbe noch die einzige Localisation des Strahlenpilzes vorstellt, wo weder Pleuraerguss, noch Betheiligung der Brustwand oder des Praevertebralgewebes das Bild compliciren und vieldeutig machen in Bezug auf den Ausgangspunkt der Erkrankung. Wir verdanken diese ungemein wichtige Thatsache der ausserordentlich sorgfältigen Ueberwachung des in hervorragender Lebensstellung befindlichen Patienten seitens ausgezeichneter Aerzte. Unter minder günstigen Verhältnissen hätte sich das frühe Stadium der Krankheit hier wie in allen den anderen Fällen der Kenntnissnahme entzogen; ist doch selbst in dem in Rede stehenden Falle unter Beobachtungsbedingungen, wie sie günstiger nicht gedacht werden können, der Beginn der Lungenerkrankung nicht exact festzustellen. Aus dieser ge-

nauen Beobachtung erhellt, dass die primäre Lungenaktinomykose eine unmerklich beginnende, höchst chronisch verlaufende
Krankheit ist, welche durch lange Zeiträume hindurch den Patienten ebensowenig zur Kenntniss zu kommen braucht, wie manche
chronisch verlaufende tuberculöse Phthisis. Danach ist es klar,
dass die in anderen Fällen beobachteten acut fieberhaft einsetzenden Affectionen der Brusthöhle, von welchen Patienten und
Aerzte den Beginn des Leidens zu datiren pflegen, nicht
initiale, sondern intercurrente Entzündungen seröser Häute —
meistens der Pleura — sind, welche erzeugt werden, wenn der
bis dahin latent verlaufende aktinomykotische Lungenprocess
bis an die betreffenden Membranen heranrückt. Ist das richtig,
dann müssen diese acut fieberhaften entzündlichen Processe
da vermisst werden, wo die serösen Höhlen durch Verwachsung
ihrer Wände schon obliterirt sind, wenn der aktinomykotische
Lungenprocess an die Lungenoberfläche gelangt ist. Das ist
nun thatsächlich der Fall, wie die Beobachtung des Krankheitsverlaufs und die Autopsie dieses Falles zeigen. Eine
andere Thatsache, welche dieser Fall uns besser lehrt, als alle
übrigen weniger frühzeitig beobachteten, ist die Zeitdauer, welche
der Process nöthig hat, um die Lunge zu durchwandern und
erkennbare Erscheinungen an der Brustwand hervorzubringen.
Dazu bedurfte es sieben voller Monate, von dem Zeitpunkte an
datirt, als der Lungenherd erkannt wurde, also jedenfalls noch
längerer Zeit von dem wirklichen Beginne der Lungenerkrankung
an gerechnet. Ziehen wir ferner in Betracht, dass hier nur die
verhältnissmässig dünne Schicht der vorderen Brustwand neben
dem Sternum zu durchwandern war, so folgt daraus, dass ein
solcher Process noch später an die Oberfläche kommt, wenn er
nicht vorne, sondern hinten durch die dicken Schichten der Rückenmusculatur durchbricht. Diese Betrachtung ist nützlich und
wichtig, um Rückschlüsse zu machen auf den Zeitpunkt der Entstehung des Lungenleidens in den Fällen, die erst bei Beginn
der Brustwandaffection in die Beobachtung kommen; sie unter-
stützt, wie wir später sehen werden, in unklaren Fällen die Entscheidung darüber, wo der primäre Sitz des Processes zu suchen

4*

sei. Vergleicht man an der Hand der vorliegenden Erfahrung
die Propagationsgeschwindigkeit der Aktinomykose in der Lunge
mit dem Tempo der Ausbreitung derselben in den Bindegewebs-
schichten der Brustwand, so ist es bei allen Fällen dieser Gruppe
auffallend, um wie viel langsamer das Fortschreiten in der
Lunge erfolgt. Das Lungenparenchym scheint nach vergleichen-
den Beobachtungen aller Fälle kein besonders günstiger Boden
für die Ausbreitung dieses mykotischen Processes zu sein, wofür
auch die Thatsache spricht, dass man einerseits gewöhnlich nur
beschränkte Partien der Lunge zerstört findet im Vergleiche zu
den ausgedehnten Destructionsbezirken an der Brustwand, dem
peripleuralen und praevertebralen Gewebe, andererseits der Process in den Lungen mit seiner bindegewebigen Induration
um verhältnissmässig kleine Höhlenbildungen einen viel gutarti-
geren Charakter, eine viel grössere Beschränkungstendenz zeigt,
als die ausgedehnten flächenhaften Verwüstungen mit fortschreitender Einschmelzung des Gewebes in den Bindegewebsstratis der
Körperwandungen. Dem eben Gesagten scheint auf den ersten
Blick der Lungenbefund in unserem Falle nicht ganz zu entsprechen, insofern wir einen ausgedehnten jauchigen Zerfall an
der Vorderfläche des Lungenparenchyms antreffen. Es lässt sich
indessen nachweisen, dass dieser jauchige Zerfall kein reines
Product der Aktinomyceswucherung war, sondern unter Concurrenz von aussen her eingedrungener Fäulnisserreger in das
zuvor aktinomykotisch erkrankte Lungengewebe zu Stande gekommen ist. Denn erstens entleerten die Brustwandabscesse,
welche ja in directer Communication mit dem Lungenherde
standen, bei ihrer ersten Eröffnung blanden geruchlosen Eiter.
Zweitens war der Geruch der jauchig zerfallenen Lunge ein völlig
anderer, als in denjenigen Fällen, wo der Strahlenpilz ohne
Concurrenz anderer Gährungserreger eine specifische Zersetzung
mit eigenartigem Geruche hervorbringt. Im vorliegenden Falle
handelte es sich um den Geruch der gewöhnlichen Fäulniss.
Drittens fanden wir hinter den faulig erweichten Partien einen
bindegewebig indurirten Lungenabschnitt, der dem Zerfalle wider-
standen hatte und der nach jeder Richtung den gewöhnlichen Befunden bei der Lungenaktinomykose gleicht. Dieser Umstand in

Verbindung mit der Thatsache, dass gerade die unmittelbar hinter der durchlöcherten Brustwand gelegene Lungenpartie den vorgeschrittensten fauligen Zerfall zeigte, sprechen dafür, dass die Fäulniss von aussen her durch die Perforationsöffnungen der Brustwand Zutritt erhalten hat. Eine Stütze für die Richtigkeit dieser Anschauung finden wir in einer ähnlichen Erscheinung des Falles 35, wo in gleicher Weise durch eine vordere Fistel die Fäulniss in das Thoraxinnere importirt wurde. — Es verdient bemerkt zu werden, dass man bei oberflächlicher Betrachtung hätte glauben können, nach Fortnahme der vorderen Brustwand in einer abgesackten, mit jauchigen Massen und Lungenfetzen erfüllten pleuritischen Höhle sich zu befinden, ähnlich wie es von den Autoren im Falle 35 beschrieben wird. Das Irrthümliche solcher Auffassung wird sofort erkannt durch den Nachweis einer an der Hinterfläche der vorderen Brustwand adhärirenden dünnen Schicht Lungengewebes. Ich hebe diesen Punkt hervor, weil er in ähnlichen Fällen zu falschen Schlüssen führen könnte. Es ist noch zweier Thatsachen in unserem Falle Erwähnung zu thun, welche ihre Analoga im Falle 19 finden. Hier wie dort war cariöse Zerstörung fast aller Zähne vorhanden. Dieser Umstand soll später seine Würdigung finden. Die zweite gleichartige Erscheinung ist das vorübergehende Auftreten blutiger, rubiginöser Sputa, welche in beiden Fällen nur an einem Tage, und zwar in den späten Stadien des Lungenprocesses, kurz vor dem Durchbruche durch die Brustwand beobachtet wurden. Das sonst expectorirte schleimig-eitrige, mit Strahlenpilzkörnern versetzte spärliche Sputum scheint in beiden Fällen von gleicher Qualität gewesen zu sein.

Der Fall lehrt folgende Thatsachen:

1) Die Lungenaktinomykose entwickelt sich ganz unmerklich; ihr Verlauf ist ein ungemein chronischer.

2) Das Sputum ist schleimig eitrig, enthält Aktinomyceskörner, kann intercurrent blutig werden.

3) Das Uebergreifen der Aktinomykose auf die Brustwand erfolgt erst nach langdauerndem, in diesem Falle einjährigem Bestehen der Lungenerkrankung.

4) Die Verbreitung der Aktinomykose von der Lunge auf

die Brustwand kann ohne Intercurrenz einer exsudativen Pleuritis nach Verwachsung der Pleurablätter zu Stande kommen.

5) Aktinomykotisch erkranktes Lungengewebe kann jauchig zerfallen, wenn durch geschwürige Perforation der Brustwand Fäulnisserregern der directe Zutritt zum Lungenparenchym ermöglicht ist.

Fall 21 (Weigert).

S., Kaufmann, 37 Jahr. Das Leiden begann plötzlich im Februar 1880 ohne Fieber mit qualvollen Schmerzen in der Gegend der 4. Rippe rechts, welche im Bette heftiger waren als bei Bewegung. Nach vierwöchentlichem Bestande derselben trat eine Anschwellung in der Gegend der Ansätze des rechten M. obliquus abd. ext. auf mit Umwandlung der anfallsweise auftretenden Schmerzen in continuirliche. Eine Punktion am prominirendsten Punkte der Anschwellung entleerte 50 Ccm. blutig seröser Flüssigkeit zu grosser Erleichterung des Patienten. Da die Geschwulst zunahm und sich teigig nach hinten ausbreitete, wurde am 22. (welchen Monats?) auf die 10. Rippe incidirt. Entleerung einer geringen Menge etwas übelriechenden gelben dicken Eiters, sehr reichlicher fungöser Granulationen. Die stellenweise periostentblösste 10. Rippe wird in 10 Ctm. Ausdehnung resecirt; ein Recessus nach dem Darmbeinkamm zu drainirt.

3. Juli. Von der 4. Rippe nach der 8. herab über der Knorpel-Knochengrenze eine etwas knotige diffuse verstreichende Anschwellung, deren Hautbedeckung oben normal, unten bläulich verdünnt ist, daselbst undeutlich fluctuirend. Die rechte Thoraxhälfte betheiligt sich kaum an der Respiration. Oberhalb Spina scapulae und Costa III. relative Dämpfung, Rasselgeräusche; unterhalb absolute Dämpfung. Geringer Ascites, Oedem bis über Crista ilei, hin und wieder am Vorderarm. Guter Appetit. Heftige Morgenschweisse.

7. Juli. Die vordere Anschwellung in Communication getreten mit der hinteren Wunde. Dicker flockiger Eiter.

19. Juli. Plötzlicher Exitus letalis.

Obductionsbefund; Auffallend blasse Leiche. Durch die Schnittöffnung in der rechten Thoraxseite kommt man in eine Eiterhöhle und von dieser durch den 6. Intercostalraum in eine flache, von der 3. bis zur 7. Rippe sich erstreckende eitererfüllte peripleuritische Höhle; überall sonst ist die Parietalpleura mit Brustwand und Zwerchfell durch ein dickes schwieliges Gewebe verbunden, welches durchweg durchsetzt ist von Eitergängen, die mit der grösseren peripleuritischen Höhle communiciren.

Die peripleurale Infiltration erstreckt sich nach unten hinten bis zu einer Stelle, wo der unterste Theil des Unterlappens mit der Pleura costalis fest verwachsen ist. Hier ist der Unterlappen in 4 Ctm. Höhe, 8 Ctm. Länge infiltrirt, hellgrau, glatt, von eitererfüllten Höhlen durchsetzt, die bis an die Pleura heranreichen. Der Eiter dieser wie der peripleuritischen Hohlräume dick, zäh. In dem freien Theile der Pleurahöhle reichlicher eitrig-fibrinöser Erguss. Das Zwerchfell durch schwielige, eiterdurchsetzte Bindegewebsmassen mit der Lunge verlöthet und an der Unterfläche durch 2 Stellen mit der Leber verwachsen, in welcher sich unmittelbar unter der Verwachsung 2 weissliche, schwielige, eiterdurchsetzte, aktinomykotische Herde finden. Fibrinoseröse Pericarditis. Amyloide Degeneration der Milz und der Nieren. — Ueber den Zustand der Zähne finden sich keine Angaben. Sämmtliche Eiterherde enthielten die Aktinomyceskörner. Ausserdem konnte Herr W e i g e r t in dem flüssigen Eiter der grösseren peripleuritischen Höhle unmittelbar nach der Section neben den fingerförmigen Gebilden fädige Massen nachweisen, die theils wie gewöhnlicher Leptothrix, theils wie Streptothrix Foersteri aussahen. Nach eintägigem Stehen des Eiters hatten diese Fäden reichlich zugenommen, die Zahl der fingerförmigen Gebilde sich sehr vermindert. Wir werden auf die Bedeutung dieser interessanten Thatsache später ausführlicher zurückkommen.

In Bezug auf die Pathogenese des Falles nimmt der Autor an, dass die Pilze in die rechte Lunge durch Aspiration oder Verschlucken gelangten und von dem unten aussen gelegenen Lungenherde nach Verwachsung der Pleurablätter direct auf das peripleurale Gewebe übergewuchert sind. Ich schliesse mich dieser Deutung vollkommen an, und glaube sie bei der Analogie mit den andern detaillirt besprochenen Fällen nicht näher begründen zu müssen.

Leider gestattet die Unvollständigkeit der Anamnese und der Krankengeschichte nicht viele sichere Schlüsse zu ziehen. Aber einige Ergebnisse der Betrachtung mögen doch erwähnt werden.

Zunächst documentirt sich in diesem Falle wieder die ungemeine Torpidität, die, wie es scheint, völlige Latenz des primären Lungenleidens. Denn nicht auf dieses bezieht sich die Angabe des ersten Krankheitssymptoms, sondern augenscheinlich auf die Peripleuritis, das secundäre Leiden, dem nach den Erfahrungen an andern Fällen (siehe namentlich Fall 20) schon eine vielmonatliche Dauer der Lungenaffection voraufgegangen sein mochte. Des weiteren zeigt auch dieser Fall, wie alle übrigen, die verhältnissmässig geringe Intensität und Extensität der Ausbreitung des aktinomykotischen Processes im Lungenparenchym verglichen mit der Ausdehnung der Destruction an den

verschiedenen Schichten der Brustwand. In Bezug auf die Qualität
der aktinomykotischen Entzündungsproducte schliesst sich dieser
Fall meinen früheren Beobachtungen an, indem es sich um reichlichen, gleich bei der Eröffnung des ersten Abscesses etwas übelriechenden, dicken gelben Eiter handelte, der auch mikroskopisch
als solcher nachgewiesen wurde. Bezüglich der Fieberverhältnisse
fehlen Angaben, doch lassen die anhaltend heftigen Morgenschweisse
auf eine Febris hectica schliessen. — Noch einer Erscheinung
soll gedacht werden, welche uns in gleicher Intensität bisher
noch nicht entgegengetreten ist, nämlich der nach Art einer
Intercostalneuralgie anfallsweise auftretenden qualvollen Schmerzen
in der Gegend der oberen Rippen, welche das erste manifeste
Symptom der Erkrankung darstellten. Diese Schmerzen sind
offenbar auf den peripleuritischen Process und sein Verhältniss
zu den Intercostalnerven zu beziehen. Sie können somit in Verbindung mit anderen Erscheinungen ein diagnostisch wichtiges
Merkmal für das Uebergreifen des Lungenprocesses auf die
Brustwand abgeben (vergl. Fall 35). — Ein anderes bei den
übrigen Fällen primärer Lungenaktinomykose noch nicht beobachtetes Phänomen ist der eitrige Charakter der die Lungenaffection
begleitenden Pleuritis, während es sich sonst um seröse Ergüsse
oder um adhäsive Processe handelte. Ich möchte aber auch für
diesen Fall glauben, dass die Pleuritis, die ursprünglich ein seröses
Exsudat geliefert hat, wie aus dem Ergebniss der Punction
hervorgeht, erst durch eben diesen Eingriff zu einer eitrigen geworden ist, indem die Punction durch die peripleuritisch erkrankte Brustwand hindurch vorgenommen wurde. Es liegt die
Vermuthung nahe, dass durch diesen Vorgang Entzündungserreger
aus dem peripleuritischen Herde in die Pleura hineingelangt
sind. Durch Fortleitung der Entzündung von der Lunge scheint es
bei der geringen Phlogogonität des aktinomykotischen Entzündungsproductes nicht leicht zur eitrigen Pleuritis zu kommen, wenn
nicht etwa ein Lungenherd direct in die Pleurahöhle durch-
bräche — ein bisher noch nicht beobachtetes Vorkommniss, weil
sich meistens vorher Verwachsungen mit der Brustwand bilden.
      Die bemerkenswerthesten Ergebnisse dieses Falles lassen
sich wie folgt resumiren:

1) Eine Aktinomykose kann vollständig latent verlaufen, solange sie auf das Lungenparenchym beschränkt bleibt.

2) Das Uebergreifen der Aktinomykose von der Lunge auf das peripleurale Gewebe der Brustwand kann sich durch Schmerzanfälle documentiren, welche der Intercostalneuralgie sehr ähnlich sehen.

3) Der eitrige Inhalt geschlossener Abscesse der Brustwand, welche durch Fortleitung von aktinomykotischen Lungenherden entstanden sind, kann übelriechend sein.

4) Die Lungenaktinomykose kann zu amyloider Degeneration der Unterleibsorgane führen.

Fall 22 (J. Israël).

Marie Strübing, 24 Jahre, Köchin, erkrankte am 26. April 1878 acut fieberhaft an einer entzündlichen Affection, welche für eine linksseitige Pleuropneumonie angesprochen wird. Die Erscheinungen bestanden in Seitenstichen, Kurzathmigkeit, etwas Husten, Dämpfung links hinten unten, verstärktem Pectoralfremitus, bronchialem Inspirium; kein Rasseln, kein Auswurf. Am 8. Tage Entfieberung. Vom 11. Tage an Wiedereintritt eines hektischen Fiebers. Am 35. Tage besteht noch mässige Dämpfung hinten unten links bis zur Scapula und im Interscapularraum. Unten abgeschwächtes Athmen und dumpfes Rasseln. Im Interscapularraum bronchiales Athmen. Spitzen frei. Bei zunehmender Schwäche tritt vom 49. Tage ab eine Schwellung über der linken 9. Rippe in der hinteren Axillarlinie auf. Am 25. Juni (60. Krankheitstag) Aufnahme auf meiner Abtheilung. Daselbst wird folgender Status am 25. Juni festgestellt: Blasse, etwas dyspnoische fieberhafte Patientin. Untere Hälfte der linken Thoraxseite betheiligt sich nicht an den Respirationsbewegungen. Ueber der 9. Rippe links in der Axillarlinie eine kinderfaustgrosse Anschwellung mit tief liegender Fluctuation. Links hinten von der Mitte der Scapula bis unten Dämpfung und schwaches Bronchialathmen. Durch Incision der Anschwellung wird eine peripleurale platte Höhle für den Finger zugängig, mit welcher der eröffnete Abscess durch eine Oeffnung im Intercostalraum communicirte. Allmälig breitet sich eine Infiltration der Weichtheile ohne Hautröthung über die linke Seiten- und Rückwand des Thorax aus, welche dicht neben den letzten Brustwirbeln in Hühnereiumfang abscedirt. Nach Incision daselbst (am 10. September) zeigt sich das subcutane Gewebe weithin in ein brüchiges schlottriges Granulationsgewebe verwandelt. Neue ausgedehnte mit der vorigen communicirende Abscedirung links neben den Lendenwirbeln am 10. October. Zunehmende Blässe und Abmagerung; hektische Schweisse stellen sich ein: Der früher seltene Husten wird stark, Auswurf spärlich schleimig eitrig. Der peripleurale Process geht auf das Zwerchfell über und führt zu ungemein schmerzhaften Zwerchfells-Krämpfen. Am 30. October wird am linken Unterschenkel ein subcutaner metastatischer Abscess constatirt, dessen blander Eiter reich an Actinomyceskörnern ist. Am 4. November wird aus einem gänseeigrossen tiefen Abscesse an der Rückseite des Oberschenkels ein gleicher Inhalt entleert.

Am 14. November wird ein 3. Abscess über Tuber ischii sin. eröffnet, der in stinkendem Eiter reichlich Actinomyces suspendirt enthält. Dieselben Pilze werden in grosser Zahl in dem aus den Rückenabscessen stammenden Eiter gefunden. Am 15. November tritt rechtsseitige Pleuritis hinzu, Urin stark eiweisshaltig, am 19. November Exitus letalis.

Sectionsbefund. Resumé: In der linken Lunge, vorzüglich im Unterlappen, eine grosse Zahl disseminirter, abscedirender, pneumonischer und peribronchitischer Herde, durchwegs von Pilzconglomeraten erfüllt. Das Gewebe des Unterlappens zwischen den Abscessen carneficirt und indurirt. Feste Verwachsung des unteren Lungenlappens mit Costalpleura und Zwerchfell. Eine gelb eitrige Infiltration des unteren Lungenrandes greift an der Uebergangsstelle der costalen zur Zwerchfellspleura auf die Brustwand über. Bei gewaltsamer Entfernung der Lunge reisst daselbst die Parietalpleura ein und es wird eine extrapleurale Höhle (zwischen Pleura und Rippen) eröffnet, welche die Brustwand weit unterminirt, sich nach aussen durch die Fistel der resecirten 9. Rippe öffnet und nach unten hinter dem Zwerchfellsursprung in eine retroperitonaeale Höhle übergeht, in deren Grunde der Ileopsoas und Quadratus lumborum zum grossen Theil zerstört liegen und die Processus transversi der Lendenwirbel vom Periost entblösst sind.

Rechts Pleuritis serofibrinosa. In der rechten Lunge 3 subpleurale aktinomykotische Abscesse. Milz amyloid degenerirt. Die linke Niere zeigt an ihrem convexen Rande unterhalb der Spitze eine ovale Prominenz, welche grau gelatinös durchscheinend ist, sich fluctuirend anfühlt und eine grosse Zahl linsengrosser gelber Herde eingebettet enthält, in welchen dicht gedrängte Aktinomyceskörner liegen.

In der Leber kleine, aktinomykotische Abcesse.

Zähne gesund, Tonsillen zeigen auf ihrer Oberfläche lose aufliegend hirsekorn- bis stecknadelkopfgrosse Körner von trüb weisser Farbe, die kleineren von rundlicher Form, die grossen deutlich conglomerirt aus vielen kleineren, unregelmässig maulbeerförmig. Von denselben Elementen sind die Tonsillentaschen dicht erfüllt. Im Parenchym der linken Mandel ein kleiner Abscess mit den nämlichen Gebilden. Dieselben erweisen sich bei mikroskopischer Untersuchung als Leptothrix.

Der Fall legitimirt sich in unzweifelhafter Weise als einen von primärer Aktinomykose der Lunge. Von dem Unterlappen ist der Process durch die pleuritische Verwachsung auf die Brustwand übergewandert und hat schliesslich eine disseminirte Verbreitung auf dem Wege der Metastasenbildung gefunden. Ausser der linken Lunge giebt es keine Stelle, welche als etwaiger Sitz primärer Erkrankung in Betracht gezogen werden könnte; alle übrigen Localisationen der Mykose werden durch die klinische Beobachtung wie die anatomische Untersuchung als jüngeren Datums erwiesen. Bezüglich des Weges, auf dem die Lunge erkrankt ist, lässt sich deutlich nachweisen, dass die Lungenherde in Beziehung stehen zur Ausbreitung des Bronchialbaums, wie es bei Inhalations- oder Verschluck-Mykosen der Fall ist, dagegen den auf der Gefässbahn eingeschleppten embolischen Processen weder hinsichtlich der oberflächlichen Lage, noch der Keilform ähneln. Wo nämlich der Process noch nicht zu weit vorgeschritten ist, da erkennt man als einfachste Form der Lungenaffection miliare, peribronchitische Herde, welche bei seitlichem Druck aus dem durchschnittenen feinen, central gelegenen Bronchiallumen einen pilzkornhaltigen Eiter austreten lassen. Solche peribronchitischen Herde treten an anderen Stellen zu Gruppen zusammen; der betroffene Bezirk befindet sich anfangs im Zustande einer grau-gelblichen Hepatisation. Durch Erweichung und Abscedirung solcher Herde kommt es zu gruppirt angeordneten linsen- bis erbsengrossen Hohlräumen, welche schliesslich confluiren. In ihrer Umgebung findet man das Lungenparenchym carnificirt und bindegewebig indurirt.

Es kann keinem Zweifel unterliegen, dass diese Art der Entstehung der Abscesse aus peribronchitischen Herden die Vorstellung eines Importes der Pilze durch die Luftwege in hohem Masse zu stützen geeignet ist.

Wenn somit die Frage nach dem Primärsitze der Krankheit mit Gewissheit zu beantworten ist, so steht es nicht so sicher mit der Frage nach dem Zeitpunkt des Beginnes der Erkrankung. Entsprachen die ersten Symptome von acuter Erkrankung der Brustorgane wirklich der ersten Ansiedelung der Pilze in der Lunge, d. h. dem Anfange der Krankheit? Würde dieser Fall der einzige uns bekannte von primärer Lungenaktinomykose sein, so wäre diese Annahme die wahrscheinlichste; aber die Erfahrungen, die wir an genau beobachteten und genau analysirbaren Fällen von primärer Lungenaktinomykose gemacht haben, lassen es fraglich erscheinen, ob diese Vorstellung von dem acuten Beginn der Krankheit die richtige sei. Denn solche Fälle lehrten uns, dass die Ansiedelung der Strahlenpilze in der Lunge sich insensibel vollziehen kann, ohne febrilen Einsatz, dass die mykotische Affection der Lunge in ihren Anfangsstadien latent verläuft, und dass die acuten febrilen Erscheinungen, mit welchen die Krankheit zu beginnen schien, ihre Entstehung einer secundären entzündlichen Betheiligung anderer Organe, insbesondere der benachbarten Serosae verdankten. Wenn wir an der Hand dieser Erfahrungen unseren Fall analysiren, so spricht manches dafür, dass auch bei ihm die als erstes Symptom auftretende acute fieberhafte Brustkrankheit nicht den Beginn des Gesammtleidens, sondern einer acuten Pleuritis bezeichnete, welche sich zu einer bis dahin latent verlaufenen Aktinomykose des linken unteren Lungenlappens gesellte. Dieser Vorstellung ist der physicalische Untersuchungsbefund bei der Aufnahme günstig. Herr Prof. Jacobson hatte eine Pleuritis in Verbindung mit einer Verdichtung des Lungenparenchyms nachgewiesen, auf Grund der Dämpfung, der pleuritischen Stiche, einer Verstärkung des Pectoralfremitus in der unteren Partie coincidirend mit bronchialem Athmen. Ueber das Alter dieser Verdichtung konnte selbstredend durch den physicalischen Befund nichts ausgemacht werden, und so nahm man bei dem Mangel voraufgegangener Krankheitserscheinungen zunächst eine acute Pleuropneumonie an, trotzdem jede Spur pneumonischer Sputa fehlte. Nun liegt es auf der Hand, dass derselbe physicalische Befund sich ergeben haben würde, wenn zu einer latent verlaufenen chronisch aktinomykotischen Verdichtung des Unterlappens mit Verwachsung der entsprechenden Pleuraabschnitte sich in dem oberhalb der Obliteration gelegenen freien Theile der Pleurahöhle eine Entzündung der serösen Wände hinzugesellt hätte. Ist somit letztere Vorstellung sehr wohl vereinbar mit dem physicalischen Befunde, ist ferner die Annahme einer insensibel und chronisch entstandenen primären aktinomykotischen Lungenverdichtung nach Analogie der anderen Beobachtungen nicht unwahrscheinlich, so wird diese

Auffassung noch besonders gestützt durch die fast völlige Gleichartigkeit des klinischen Verlaufs dieses und des Falles 19, welch' letzterer ja mit Sicherheit zeigte, dass die erste Manifestation der Krankheit nicht dem Beginne der primären Lungenaffection, sondern dem Auftreten der secundären Pleuritis entsprach. Denn in unserem, wie im Falle 19, tritt zuerst eine entzündliche fieberhafte Erkrankung in der linken Thoraxhöhle in die Erscheinung; beide Male verschwindet nach ca. einwöchentlicher Dauer das Fieber, und nun folgt eine kurze Zeit der Apyrexie, nach deren Ablauf sich ein monatelanges Stadium hectischen Fiebers anschliesst. In beiden Fällen handelt es sich also um zwei durch ein kurzes fieberloses Intervall geschiedene Krankheitsperioden, deren erste ein hohes continuirliches Fieber zeigt, zusammenfallend mit dem Auftreten einer acuten Pleuritis, deren zweite bei hectischem Fiebertypus der Bildung einer peripleuritischen Phlegmone entspricht.

Demnach scheinen die verschiedenen anatomischen Krankheitsstadien sich bezüglich ihrer klinischen Erscheinungsweise derart zu verhalten, dass der Process fieberlos und latent verlaufen kann, so lange er auf das Lungenparenchym beschränkt ist, dass bei hinzutretender acuter Pleuritis ein kurze Zeit anhaltendes hohes continuirliches Fieber einsetzt, welches zugleich mit der Entzündung der Serosa verschwindet, und dass das Ueberwandern des Processes von der Lunge auf die Brustwand unter Bildung einer aktinomykotischen Phlegmone mit mehr minder hohem hectischem Fieber verbunden ist.

Unter dem Einflusse intercurrenter Metastasenbildung kann es, wie aus der folgenden Beobachtung hervorgeht, entweder zu erheblichen Abweichungen des hier in grossen Umrissen gezeichneten Temperaturverlaufes kommen, oder dieselben bringen, wie in dem eben beschriebenen Falle, keine bemerkbare Aenderung der Temperaturcurve hervor.

Fall 23 (J. Israël)*.

Elka Jaffé, 39 Jahre, recipirt 22. Mai 1877, fiel vor 10 Monaten mit der Brust gegen eine Brettkante. Ein Vierteljahr später (Herbst 1876) Erkran-

---

* Die hier etwas abweichend von der ersten Publication dargestellte Anamnese ist später von dem Sohne der Pat. eruirt worden.

kung mit nicht genauer definirbarem Uebelbefinden, allgemeinen Schmerzen,
2 Monate später stellten sich häufige Fieberanfälle mit Frost, Hitze und
Schweiss ein. Husten intermittirend, einmal blutiger Auswurf; beim Husten
soll Pat. stets nach der linken Brustseite gegriffen haben. Erst nach vier-
monatlicher Dauer der Erkrankung entwickelte sich eine kleine harte Geschwulst in der linken Seitenwand des Thorax, welche stetig wachsend erweichte. Fast gleichzeitig bildete sich ein Abscess an der linken Wade.
Aus beiden Abscessen wird durch Incision Ostern 1877 massenhaft stinkender Eiter entleert. Nun bildet sich ein Abscess nach dem andern
unter häufigen Fieberanfällen.

Aufnahme-Status 22. Mai 1877: Wachsbleiche, excessiv abge-
magerte schwache Frau mit klarem Bewusstsein, hoch fieberhaft. Temp. 39,0.
Puls 144. In der Axillarlinie zwischen 5. und 6. Rippe links eine fistulöse
Oeffnung, aus welcher stinkender Eiter sich entleert. Die Sonde dringt
durch dieselbe in ausgedehnte subcutane Sinuositäten. Eine grosse Zahl
theils uneröffneter, ziemlich indolenter, theils eröffneter Abscesse von
Kirschen- bis Apfelgrösse an den Beinen, Armen, Schultern, Bauch, Hinter-
backen. Die Haut über den geschlossenen Abscessen nicht geröthet, über
den eröffneten bläulich livide. Die linke Thoraxhälfte, im Quermesser etwas
verengt, zeigt weniger ausgiebige Respirationsbewegungen als rechts. In
der linken Seitenwand von der 5. Rippe abwärts Dämpfung, ebenso hinten
in dem untersten Theile. Physikalische Untersuchung unvollständig wegen
der Unterminirung der Hautdecken. Im Oberlappen der linken Lunge, sowie
an der rechten nichts Abnormes. Husten und Auswurf fehlen. Leber nicht
vergrössert. Urin eiweissfrei. Sämmtliche Abscesse enthalten einen schleimig zähen grünen Eiter von höchst widrigem specifischem Geruche und eine
ganz enorme Zahl von Aktinomyceskörnern, hellgelb bis braun gefärbt.

Die successive eröffneten Abscesse lagen theils subcutan, theils inter-
musculär, theils direct auf periostentblösstem Knochen. Während des drei-
wöchentlichen Hospitalaufenthaltes irreguläre Schüttelfröste bei einem
atypischen, dem pyämischen ähnlichen Temperaturverlauf. Am 30. Mai
Schmerzen in der Lebergegend, woselbst peritonitisches Schaben zu hören.
Zunehmender Collaps, trockene Zunge, etwas Icterus. Die Auftreibung des
Leibes nimmt zu, der untere Leberrand reicht bis zur Nabelhöhe. Es gesellt sich peritonitische Schmerzhaftigkeit hinzu; schliesslich Dyspnoe und
Cyanose. Tod am 11. Juni 1877.

Sectionsbefund: Ausser den bei Lebzeiten erkannten Abscessen
finden sich noch viele versteckt gelegene zwischen der Muskulatur, im Jugulum vor der Trachea etc.

Die linke Lunge total verwachsen mit Brustwand, Zwerchfell, Herzbeutel. Der Oberlappen etwas oedematös. Der Unterlappen im Zustande
bindegewebiger Induration und Schrumpfung, zeigt in seinen unteren zwei
Dritttheilen Höhlenbildungen verschiedener Grösse mit theils glatter, theils
fetziger Innenwand, erfüllt mit unendlicher Zahl grosser Aktinomyces.

Kleinere pilzerfüllte Hohlräume documentiren sich durch den mikroskopischen Befund von Flimmerepithel als Bronchiectasen. Eine grössere peripher gelegene Höhle communicirt durch einen im peripleuralen Gewebe verlaufenden, den 5. Intercostalraum durchbohrenden Gang mit dem eröffneten grossen Abscesse über der linken seitlichen Brustwand, welcher laut Anamnese als harte Schwellung die erste palpable Krankheitserscheinung gebildet hatte. Der am meisten median gelegenen Höhle grenzt der Herzbeutel unmittelbar an, welcher mit dem Herzen durch eine sulzige Flächenadhäsion verklebt ist. Die rechte Lunge durchweg mit den Nachbartheilen verwachsen, ohne Herderkrankung, etwas oedematös.

In der Bauchhöhle viel freie fibrinös eitrige Flüssigkeit. Zwischen linkem Leberlappen und Zwerchfell ein grosser abgekapselter Abscess. Das. Diaphragma daselbst gelb eitrig infiltrirt. Milz sehr vergrössert, gänzlich durchsetzt von pilzkornhaltigen Abscessen bis zu Apfelgrösse, deren grössere aus der Confluenz kleinerer deutlich entstanden sind.

Nieren, mässig vergrössert, zeigen in der Rindensubstanz reichlich Abscesse bis zu Linsengrösse, erfüllt mit Aktinomyces.

Die Leber ist eine icterische Fettleber, sehr vergrössert. Au dem Durchschnitte quillt theils pilzkornhaltiger Eiter aus den Lumina der Pfortaderäste, theils stecken in den letzteren in erweichte Thrombosen eingeschlossene Aktinomyces, theils finden sich kleinste pilzhaltige Abscesse ohne Beziehung zur Pfortader.

Im Darm, vom Duodenum bis unterhalb der Bauhinischen Klappe, 15 schwarzblaue bis erbsengrosse Prominenzen, welche Pilzanhäufungen mit wenig Eiter im submucösen Gewebe unterhalb hämorrhagischer Mucosa darstellen.

Auch in diesem Falle, wie in den 4 vorigen, ist der erste Ort der Pilzansiedelung in der linken Lunge zu suchen. Darauf weisen zunächst zwei Angaben der sehr dürftigen Anamnese, nämlich das Vorhandensein von Husten und einmaligem blutigen Auswurfe im Beginne der Erkrankung, bevor noch andere sichtbare Localisationen derselben wahrgenommen wurden, sodann die Thatsache, dass Pat. beim Husten stets nach der linken Brusthälfte mit den Händen griff. Erst, nachdem diese Erscheinungen vorangegangen waren, bildete sich 4 Monate nach Beginn der Erkrankung eine harte Schwellung in der linken Seitenwand des Thorax. Ganz sicher gestellt wird aber die Thatsache einer Primärerkrankung der Lunge durch die Autopsie. Die letztere weist zunächst nach, dass es sich um eine sehr alte, chronische, zu bindegewebig-narbiger Schrumpfung führende Erkrankung des linken Unterlappens handelt, offenbar die älteste aller nachweisbaren pathologischen Veränderungen. Die Untersuchung der chronischen Höhlenbildungen daselbst ergiebt ferner durch den Befund von Cylinderepithel, dass dieselben aus ulcerirten Bronchien hervorgegangen sind; endlich die unglaubliche Massenhaftigkeit und die alle anderswo vorfindbaren überragende Grösse der Pilzhaufen spricht für das grösste Alter der Ansiedelung in der Lunge. Von dem periphersten der Lungenherde, welcher vermöge der Obliteration der Pleurahöhle direct an die Brustwand angrenzte, hat die mykotische Entzündung auf die letztere übergegriffen, sie durchwandert und zur Bildung eines grossen Abscesses der seitlichen Brustwand geführt. Irgend eine andere Erkrankung, von deren Uebergreifen auf die Lunge die Erkrankung der· letzteren hätte secundär entstehen können, bestand nicht; insbesondere wie mit Rücksicht auf eine Bemerkung Herrn Ponfick's zu diesem Falle hervorgehoben werden soll, keine vertebrale oder praevertebrale Affection. Es könnte sich also nur fragen, ob die Lungenaffection als Folgezustand der seitlichen Brustwanderkrankung zu betrachten sei, oder ob das zeitliche Verhältniss letzterer beider Affectionen ein umgekehrtes sei. Nun die Anamnese, der klinische und anatomische Befund lassen wohl keinen Zweifel darüber aufkommen, dass die Lungenaffection der Brustwanderkrankung voraufging. Denn abgesehen von den anamnestisch eruirten Altersunterschieden beider Affectionen, von dem anatomisch nachgewiesenen Ausgang der Lungenherde von ulcerirten Bronchien ist die Multiplicität und das disseminirte Auftreten der Lungenhöhlen bei Fehlen jeder Communication unter einander ein zureichender Grund gegen die Annahme einer Entstehung derselben durch Fortleitung von der Brustwand. Die wichtige Thatsache des Ausganges der Lungenaffection von den Bronchien lässt sich mit mehr minder grosser Deutlichkeit an drei bisher beschriebenen Fällen nachweisen: im ersten (No. 19) durch den Befund von Cylinderepithel im Auswurfe, im zweiten (No. 22) durch den Nachweis, dass die jüngsten Herde kleine peribronchitische Infiltrate darstellten, die im Centrum das Lumen des durchschnittenen, mit aktinomykotischen Eiter erfüllten Luftweges erkennen liessen; im dritten Falle (No. 23) konnte in den kleineren Hohlräumen des Unterlappens noch deutlich das Flimmerepithel nachgewiesen werden. **Fasst man diese Erfahrungen zusammen, so kann man nicht zweifeln, dass die Pilze auf dem Wege des Bronchialbaums in die Lungen gelangt sind.** Sie haben daselbst zu peribronchitischen Infiltrationen des Parenchyms geführt, welche unter Erweichung und Confluenz Höhlen bildeten. Das umgebende und zwischen den Hohlräumen liegende Gewebe geräth auf weite Strecken in den Zustand einer reactiven interstitiellen Bindegewebswucherung, deren Consequenz in diesem Falle, wie im Falle 19, eine Verwachsung der Lunge mit der Brustwand und eine narbige Schrumpfung des Lungenparenchyms, ein rétrécissement thoracique darstellt.

Während nun der Fall Jaffé in Bezug auf den Ausgangspunkt der Erkrankung von der Lunge und das Uebergreifen des Processes auf die Brustwand ganz analoge Verhältnisse darbot wie die voraufgehenden, so ist sein klinischer Verlauf ein von diesen gänzlich abweichender. Zeigten die anderen Fälle das Bild einer langsam zum Tode führenden Hektik, so ähnelt der letzte Fall klinisch einer chronischen Pyämie mit ihren Schüttelfrösten, ihrem irregulären Temperaturverlaufe, den multiplen Metastasen. Traten letztere schon in geringer Zahl im Falle 19 auf, so beherrschen sie im Falle Jaffé vollkommen das Krankheitsbild. Aus diesem Verhalten, dem hoch fieberhaften Verlaufe, dem putriden Charakter des Eiters hat Herr Ponfick geglaubt schliessen zu müssen, dass wir es in diesem Falle mit einer accidentellen septischen Erkrankung neben der Aktinomykose zu thun haben. Die Berechtigung dieser Ansicht habe ich schon eingehend zurückzuweisen versucht in meiner Abhandlung: „Einige Bemerkungen zu Herrn Ponfick's Buch: Die Aktinomykose des Menschen*)".

Hier mögen noch einmal kurz die wesentlichsten Gründe hervorgehoben werden, die mich veranlassen, die putride Natur des in einer grösseren Anzahl von Aktinomykosen zu beobachtenden Eiters nicht auf eine Mischinfection zu beziehen, das

---

*) Virchow's Archiv, 87. Bd., 1882, S. 373 ff.

heisst auf eine gemeinsame Invasion von Aktinomyces und Fäulnisserregern. Das hauptsächlichste Argument gegen eine solche Annahme liegt darin, dass es weder im Falle Jaffé (23), noch im Falle Wechselmann (19) möglich gewesen ist, in irgend einem Abscesse ausser den Aktinomyces irgend welche Mikroorganismen anzutreffen, trotzdem die Untersuchung des Eiters besonders subtil im letzteren Falle nach Koch's Methode mittelst Zeiss' Oelimmersion und Abbé'schem Condensor vorgenommen wurde. Ebensowenig ferner, wie ein einziger Abscess getroffen wurde, welcher keine Aktinomyces und statt ihrer etwa irgend welche Schizomycetenart enthalten hätte, ebensowenig konnte man einen Abscess finden, der trotz ausschliesslicher Anwesenheit von Strahlenpilzen unzersetzt gewesen wäre. Ein solches Verhalten ist nicht vereinbar mit der Annahme einer Mischinfection.

Ausser dieser Erwägung muss aber noch betont werden, dass zwischen der Qualität derjenigen Zersetzungsproducte, welche durch Spaltpilzeinwirkung und derer, die durch Aktinomyceswirkung entstehen, ein grosser Unterschied besteht. Denn abgesehen davon, dass wir es bei rein aktinomykotischen putriden Abscessen mit einem dickschleimigen, oft rotzig zähen, grüngelben Eiter zu thun haben, im Gegensatze zu dem dünnen, oft missfarbigen ichorösen Producte bei gewöhnlicher Putrescenz, so ist vor Allem der Geruch des durch Aktinomyceswirkung zersetzten Eiters ein so specifischer, dass er nicht zu verwechseln ist mit dem Geruche gewöhnlichen faulen Eiters. Wenn sich Geruchsqualitäten auch nicht beschreiben lassen, so ist doch sicher, dass innerhalb des grossen Gebiets der fauligen Gerüche zahlreiche Modalitäten unterschieden werden können, deren specifischen Charakter man sofort wiedererkennen vermag. Ich brauche nur an den Geruch der Harnfäulniss, der putriden Bronchitis zu erinnern. Nun ebenso wie man jeden dieser Processe sofort durch den Geruch seiner Producte von anderen Fäulnissprocessen unterscheiden kann, so trifft dieses ebenso für die aktinomykotische Eiterzersetzung zu. Tritt aber einmal gewöhnliche Spaltpilzfäulniss in einem vorher aktinomykotisch erkrankten Gewebe auf, wie beispielsweise in der Lunge des Falles 20, dann unterscheidet sich der Geruch in nichts von dem der gewöhnlichen Fäulniss.

Endlich ist als ein wesentlicher Unterschied aktinomykotischer und gewisser anderer putrider Zersetzungen hervorzuheben, dass erstere sich nur auf die Decomposition des eitrigen Entzündungsproductes beschränkt, ohne zu weiterschreitender Mortification und Gangränescenz der Gewebe zu führen.

Ein anderer wichtiger Punkt, in dem das Krankheitsbild dieses Falles sich von den Fällen 19 und 22 unterscheidet, dagegen dem Falle 20 ähnelt, ist folgender: In ersteren beiden wurde die Krankheit manifest mit dem Einsetzen einer acuten fieberhaften Brusthöhlenerkrankung, die im Falle 19 sicher, im Falle 22 höchst wahrscheinlich eine Pleuritis war. Eine solche acute, auf die Athmungsorgane deutende Erkrankung hat im Falle 23 niemals stattgefunden, sondern die Krankheit hat sich insidiös in der Lunge entwickelt und ist von da ohne pleuritische Erscheinungen auf die Brustwand übergewandert. Die Erklärung dafür liegt in der Obliteration der Pleurahöhle. Denn es kann selbstredend nur zu einer acuten Pleuritis kommen, wenn noch eine Pleurahöhle existirt. Der aktinomykotische Process des Lungenparenchyms selbst kann sich, wie wir bisher gesehen haben, schleichend ohne wesentliche Symptome entwickeln; er tritt meistens erst gröber in die Erscheinung, wenn er, an die Lungenoberfläche vorgerückt, entweder bei noch freier, unverwachsener Pleurahöhle eine acute Pleuritis erzeugt, oder bei schon verwachsenen Pleurablättern direct von der Lunge auf die Nachbarorgane, den Herzbeutel oder die Brustwand übergreift, an letzterer tiefe peripleuritische und subcutane Entzündungen erzeugend.

So kommt es, dass die eine Kategorie von Kranken den Beginn ihres Leidens von einer Pleuritis, die andere von einer Anschwellung der Brustwand datirt, während beide im Irrthum sind, denn der Pilz arbeitete schon viel länger an seinem Zerstörungswerke in der Tiefe des Lungengewebes, verborgen der Wahrnehmung des Kranken, meistens entgehend der Beobachtung des Arztes.

Dass indessen ein solches latentes Anfangsstadium wirklich existirt und unter Umständen auch lange vor dem Auftreten einer für den Kranken bemerkbaren äusseren Erscheinung von einem genauen Untersucher wahrgenommen werden kann, ist an dem Falle 20 nachgewiesen worden.

Die wichtigsten Resultate, welche sich aus der Beobachtung dieses Falles ergeben, sind folgende:

1) Die primäre Aktinomykose der Lunge führt zur Höhlenbildung, combinirt mit interstitieller Bindegewebswucherung, welche den Ausgang in Lungenschrumpfung nimmt.

2) Die von einer Lungenaktinomykose durch Fortleitung entstandenen Abscesse (peripleuritische, subcutane, subphrenische etc.), sowie die metastatischen können einen specifisch zersetzten Inhalt haben.

3) Die metastatische Verschleppung der Strahlenpilze kann klinisch unter dem Bilde einer protrahirten Pyämie mit Schüttelfrösten und irregulärem Fieber verlaufen.

Fall 24 (Ponfick).

Ernst Franke. 45 Jahre, recipirt 14. Februar 1879, gestorben 14. April 1879. Anamnese: August 1877 angeblich linksseitige Rippenfellentzündung, seitdem beständig Husten, Athemnoth, eitriger Auswurf. Dazu gesellten sich October 1878 Schmerzen in Rücken- und Lendengegend, gesteigert durch Bewegungen. Bald danach Abscesse am Unterschenkel und Rücken, aus denen nach Durchbruch dünner Eiter sich dauernd entleerte.

Status: Beträchtliche Abmagerung und Anämie; Oedema ca. malleolos. Athmung frequent dyspnoisch, häufiger Husten, reichliche, geballte, schleimig eitrige Sputa. Im untern Theil der linken Brusthälfte ausgesprochene Dämpfung, bronchiales Athmen, klingende Rhonchi. Feuchtes Rasseln über dem ganzen Thorax.

An Ober- und Unterextremität wie an beiden Seiten des Thorax, namentlich links, zahlreiche Fistelöffnungen mit dünn seröser Absonderung, die in flache subcutane Gänge führen. Ausserdem 6 fluctuirende Knoten, deren grösster rechts von den untern Brustwirbeln. Remittirendes Fieber bis 39,5 Abends.

Im weiteren Verlaufe torpide Vergrösserung der paravertebralen Anschwellung ohne Röthung der Hautdecken. Bei der Incision wenig seröse Flüssigkeit, viel schwammige Granulationen. Steigerung der Athembeschwerden durch rechtsseitige Pleuritis bis zum Exitus.

Section (Resumé der wichtigsten Veränderungen): Mundhöhle. Die unteren Schneidezähne und der rechte Eckzahn ausserordentlich locker;

mit der Pincette herauszuheben. Das Zahnfleisch daselbst graugrün verfärbt, geschwollen. Die zugehörigen Alveolen wie der ganze Alveolarfortsatz des Unterkiefers leicht rauh, mit trüber Flüssigkeit bespült.

Brusthöhle. Stand des Zwerchfells rechts am unteren Rande, links
am oberen Rande der 5. Rippe. Rechts fibrinös eitrige Pleuritis. Die linke
Lunge in ihrer ganzen Ausdehnung fest mit der Brustwand verwachsen,
am festesten am hinteren Umfange des Unterlappens dicht zur Seite der
Wirbelsäule. Der mediane Rand bleibt nicht unerheblich hinter der normalen Grenzlinie zurück. Im Bereiche der untrennbaren paravertebralen
Verwachsung ist der Unterlappen fest hepatisirt, in ein sehr derbes luftleeres hellgraues Gewebe umgewandelt. In letzterem findet man eine Menge
kleinerer, weissgelblicher, aktinomycotischer Herde und in der Mitte der degenerirten Lungenpartie, 2 Ctm. unter dem Pleuraüberzuge, eine kirschkerngrosse aktinomycotische Höhle. Von dieser central gelegenen Höhle
geht ein Fistelgang durch das verdichtete Lungengewebe und die speckige
Adhäsionszone nach dem 8. Intercostalraume und führt zu einem daselbst
befindlichen ausgedehnten, platten peripleuritischen Hohlraume, welcher
linkerseits den medialen Theil der 7. bis 9. Rippe einnimmt, medianwärts
in eine vor der ganzen Brustwirbelsäule gelegene paravertebrale platte
Höhle übergeht, die sich nach rechts bis zu den Processus transversi ausdehnt. Von diesen durchweg mit Aktinomyces erfüllten Hohlräumen gehen
Fistelgänge aus, welche, die Rückenmuskulatur durchsetzend, jene theils
cutanen, theils muskulären Abscesse erzeugten, welche in der Krankengeschichte beschrieben sind. In der praevertebralen Höhle liegt die Vorderfläche der Wirbelkörper vielfach zu Tage, rauh durch mannichfache Erhebungen und Auswüchse. Die Spongiosa ist frei von eitrigen oder Zerfallsprocessen.

Der Autor lässt es unentschieden, ob die praevertebrale
Höhlenbildung oder die Affection des Unterlappens der linken
Lunge als primärer Krankheitsherd zu betrachten sei. Ich leite
aus anamnestischen wie anatomischen Gründen die Berechtigung her, den Fall der Gruppe von primärer Lungenaktinomykose einzureihen. Derselbe bildet in jeder Beziehung ein Gegenstück zu den vorhin beschriebenen Fällen, bei welchen über die
Priorität der Lungenerkrankung kein Zweifel obwalten kann.

Dementsprechend fasse ich den Gang der Krankheit folgendermassen auf:

Zuerst entwickelte sich eine chronisch verlaufende aktinokotische Affection des linken Unterlappens, zu der sich im
August 1877 eine Pleuritis derselben Seite gesellte, ein Ereigniss, für welches wir schon mehrere Beispiele bei den früheren
Fällen constatiren konnten. Die Pleuritis führte zur Verwach

sung der Lunge mit der Brustwand, während im Bereiche des aktinomykotischen Lungenabschnittes sich eine bindegewebige Entartung des Parenchyms mit Ausgang in Schrumpfung entwickelte.
Von dem grössten der aktinomykotischen Herde propagirte sich der
mykotische Process in Gestalt eines fistulösen Ganges durch die
Pleuraschwarte auf das extrapleurale Bindegewebe. Daselbst
breitete sich der Process flächenhaft aus bis in den praevertebralen Raum, wo er die Oberfläche der Wirbelkörper in Mit-
leidenschaft zog, und schliesslich durch fistulöse, die Rückenwand durchbohrende Gänge an der Oberfläche erschien.

Die Thatsachen, auf welche sich diese Auffassung stützt,
sind folgende:

Nach den anamnestischen Daten ist es sicher, dass die
Lungenaffection schon mindestens seit dem August 1877 bestanden haben muss, denn seitdem ist Patient nie mehr frei
von Husten, eitrigem Auswurf und Athemnoth gewesen. Erst
14 Monate später traten Symptome des peripleuritischen und
praevertebralen Processes auf in Gestalt von Schmerzen in der
Rücken- und Lendengegend.

Schon die Berücksichtigung dieser beiden Daten macht die
Priorität des Lungenleidens ungemein wahrscheinlich. Denn hiernach würde die Annahme einer Primärerkrankung des praevertebral-peripleuritischen Gewebes zu dem paradoxen Schlusse führen,
dass die secundäre Lungenaffection 14 Monate früher in die Erscheinung getreten sei, als das primäre Leiden der Brustwand. Ferner
würde die Auffassung der Praevertebralphlegmone als Primär-
affect die ganz unwahrscheinliche Voraussetzung nothwendig
machen, dass der Process sich während 14 Monate nur nach
der Richtung der Lunge propagirt und erst nach Ablauf dieser
Zeit den viel bequemeren Weg durch die Brustwand hindurch
nach der Oberfläche genommen habe. Ein solches Vorkommniss
steht durchaus mit den bisherigen Erfahrungen im Widerspruch,
welche übereinstimmend zeigen, dass gerade das intermusculäre
und subcutane Gewebe zeitlich und räumlich die Ausbreitung dieser
Mykose in viel höherem Masse begünstigt als das Lungenparenchym. Fällt schon die Anamnese zu Gunsten unserer Anschauung in's Gewicht, so noch mehr der Leichenbefund. Denn

der untere Lappen der linken Lunge zeigt eine Menge aktinomykotischer Herde, von denen nur ein einziger im Zusammenhange
mit der peripleuritischen Höhle steht, während die übrigen weder
mit dieser noch unter einander communiciren, sondern durch ein
bindegewebig indurirtes Gewebe getrennt sind.

Es liegt auf der Hand, dass solche Configuration der Lungenaffection nicht vereinbar ist mit einer Entstehung derselben durch
Fortleitung von der Brustwand her. Der aktinomykotische Process
kriecht entweder continuirlich weiter, ohne auf seinem Wege ein
Gewebe zu schonen, oder er propagirt sich sprungweise auf dem Wege
der Metastasen. Da nun eine Continuität zwischen der Lungen-
und der Brustwanderkrankung nur bezüglich eines einzigen pulmonalen Herdes constatirt worden ist, so bliebe demnach für den
Vertheidiger einer secundären Entstehung der pulmonalen Herde
nur die Möglichkeit übrig, dieselben als metastatische zu deuten.
Nun die Unwahrscheinlichkeit dieser Annahme, wonach die Metastasen gerade nur in den ganz beschränkten, der praevertebralen Phlegmone angrenzenden Abschnitt des linken Unterlappens gefahren wären, und die ganze übrige linke und rechte
Lunge verschont hätten, liegt zu sehr auf der Hand, um eine
solche Deutung nicht als eine sehr gezwungene von der Hand
zu weisen. Zudem unterscheidet sich das Bild dieser multiplen,
nicht scharf abgegrenzten Einsprengungen „von fleckigem, strei-
figem, rosettenähnlichem Ansehen" inmitten eines derben, bindegewebig indurirten und geschrumpften Lungenparenchyms so
sehr von dem Charakter aller sonst bekannten aktinomykotischen Metastasen, dass die Vorstellung ihrer embolischen Entstehung hinfällig wird.

Führen somit alle diese Betrachtungen zu der Annahme
einer primären Entwicklung der Mykose in der Lunge, so findet
schliesslich diese Anschauung noch eine weitere Stütze in dem
Nachweise des hohen Alters der Lungenaffection, welches sich
aus dem Befunde einer Lungenschrumpfung nebst einer Erweiterung der rechten Herzhälfte ergiebt. Denn die Lunge
erwies sich bei der Section nicht unerheblich hinter den normalen Grenzen zurückgeblieben, sowohl an ihrem medialen
Rande, als an ihrer Unterfläche. Diese Schrumpfung, das Re-

sultat des durch reactive Entzündung um die aktinomykotischen Herde hervorgebrachten Indurationsprocesses der Lunge
im Vereine mit der secundären obliterirenden Pleuritis wird bei
den Fällen von primärer Lungenaktinomykose so oft beobachtet,
dass ihr klinischer Nachweis von grosser Wichtigkeit für die Diagnose dieser Krankheit ist. Für die von der Lungenschrumpfung
abhängige Dilatation der rechten Herzhälfte möge als Analogie
auf die gleiche Beobachtung beim Falle 19 verwiesen werden.

Unter den Erscheinungen, welche bei den vorgeschrittenen
Stadien der Lungenaktinomykose nie vermisst werden, sei die
auffallende Blässe der Haut und der Schleimhäute erwähnt,
häufig in Verbindung mit einem Anasarca ex Hydrämia. — Bei
der Vergleichung des vorstehenden Falles mit anderen dieser
Kategorie (insbesondere No. 19, 23) fällt ein wesentlicher
Unterschied in die Augen, welcher Qualität und Quantität der
Entzündungsproducte, sowie das Verhalten der Körpertemperatur
betrifft. Während in den angeführten Fällen reichliche Absonderung eines von Beginn der Abscedirung an specifisch übelriechenden, dicken Eiters in Verbindung mit hochfebrilem Krankheitsverlauf beobachtet wurde, haben wir es in diesem Falle
mit einer spärlichen dünnen serösen Secretion und mit wenig
fieberhaftem, theilweise fieberlosem Verlaufe zu thun. In der
Combination dieser beiden Erscheinungen steht der Fall der
Majorität der Beobachtungen der Gruppe I. nahe. Es liegt
nicht fern, die grosse Verschiedenheit des Temperaturverlaufes
auf die quantitative und qualitative Verschiedenheit des Entzündungsproductes zu beziehen, indem man annimmt, dass mit der
grösseren Phlogogonität der Pilze gleichzeitig eine grössere Pyro-
gonität der Entzündungsproducte verbunden ist.

Fall 25 (A. König und O. Israel).

Frau von 31 Jahren bemerkt November 1883 eine schmerzhafte Anschwellung auf dem Sternum, die nach Abscedirung incidirt wurde. Auf
dem Grunde des Abscesses wurde ein Fistelgang gefunden, der in die Tiefe
führte. Am 1. März 1884 Aufnahme in die Charité. Es tritt eine unzählige Menge metastatischer Abscesse auf, über den ganzen Körper verstreut, bei unregelmässigem, im Ganzen niedrigem Fieber. Aus einigen der
Abscesse entleert sich braunrother stinkender Eiter. Pulsfrequenz stets
abnorm hoch zwischen 124 und 174. Tod am 27. April in Somnolenz.

Sectionsbefund: Ueber den ganzen Körper verstreut zahlreiche geschlossene und eröffnete Abscesse. Rechts von der Medianlinie eine Ulceration, welche einen Theil des dritten und vierten Intercostalraums einnimmt und im Grunde zwei Fistelöffnungen erkennen lässt, durch welche die Sonde in den Brustraum dringt. In fast allen Organen, Haut, Muskeln, Knochen, Mamma, Schilddrüse, dem Hirn, den Hirnhäuten, den grossen Unterleibsdrüsen, dem Darm aktinomycotische Abscesse. Im Darm ausserdem eine Diphtherie des Rectums und Colon descendens. Die Zähne sind oben und unten beiderseits, von den vorderen Backzähnen beginnend, cariös. Links oben mehrfache Fisteln, die von den restirenden Zahnwurzeln ausgehen. In der Alveole des einen Zahnes befindet sich eine mit Aktinomyces untermischte Eitermasse. Das Zahnfleisch um die Alveolen in einen Abscess verwandelt, welcher den obigen durchaus analog ist.

Nach Entfernung des Sternums findet man, dass das beschriebene Geschwür über dem 3. und 4. Intercostalraum in eine Abscesshöhle zwischen Sternum und Herzbeutel führt, welche durch den sonst obliterirten Herzbeutel bis zum Herzen selbst vordringt, ohne mit multiplen Abscessen des Myocardiums in Verbindung zu stehen. Zwischen den sonst verwachsenen Blättern des Pericardiums mehrfache Eiterherde.

Die scharfe Kante des Unterlappens der rechten Lunge, welche über dem Herzbeutel gelagert war, adhärirt fest an Sternum und Pericard durch schwielige Adhäsionen, in welche das Lungengewebe ohne Abgrenzung übergeht. Dieses schwielige Gewebe ist von Abscessen durchsetzt, während die ganze übrige rechte, sowie die linke Lunge frei von aktinomycotischen Herden ist.

Herr König fasst mit Ausnahme der Lungenerkrankung und des zuerst wahrgenommenen Abscesses am Sternum alle die unzähligen aktinomykotischen Abscesse der anderen Organe als metastatische auf; insbesondere spricht er der Darmaktinomykose den Anspruch auf eine Primäraffection ab. Dieser Ansicht kann ich durchaus beipflichten, mit der Reserve, dass ich auch die aktinomykotischen Abscesse an den Alveolen nicht mit Wahrscheinlichkeit in das Gebiet der Metastasen verweisen möchte. Wenn aber weiter Herr König den Abscess am Brustbein für die primäre Localisation der Aktinomykose hält, von der aus per contiguitatem das Mediastinum und die Lunge erst in zweiter Linie erkrankt seien, so kann ich mich dieser Auffassung durchaus nicht anschliessen. Vielmehr halte ich die Affection der Lunge für die primäre, diejenige des Mediastinum für eine von dort fortgeleitete, und den Abscess am Sternalrande für das Product des Durchbruchs des Mediastinalabscesses durch die Brustwand.

Zunächst möchte ich dem Einwand begegnen, dass die von mir
als Primäraffecte gedeuteten aktinomykotischenHerde gar nicht im
Lungenparenchyme selbst, sondern in der schwieligen Pleuraadhä-
sion gelegen wären. Zu dieser Auffassung könnte nämlich leicht die
Darstellung des Herrn König Veranlassung geben, welcher bei
der Schilderung des Sectionsbefundes sagt: „an der scharfen
Kante des rechten Unterlappens, welcher über dem rechten
Herzbeutel gelagert war, befanden sich ziemlich feste Adhäsionen;
in dieser neugebildeten Pleuraschwiele bemerkt man
kleine Abscesse, während das eigentliche Lungenparenchym frei
davon ist". Wenn wir uns aber das Resultat der von dem
Herrn Verfasser beschriebenen mikroskopischen Untersuchung
dieser sogenannten Pleuraschwiele ansehen, so werden wir nicht
zweifeln, dass es sich um eine bindegewebig schwielige Umwandlung des Lungengewebes gehandelt hat, auf deren häufiges, ja
typisches Vorkommen bei den Fällen primärer Lungenaktinomykose wir an entsprechender Stelle wiederholt die Aufmerksamkeit gelenkt haben. Denn der Autor beschreibt das aktinomykotisch erkrankte schwielige Gewebe als ein derb fibröses mit
zahlreichen elastischen Fasern und Kohlenpigmentablagerungen,
durchsetzt mit Eiterkörperchen. „An vielen Stellen bemerkt
man noch kleine Alveolen, die durch ein breites festes binde-
gewebiges Parenchym von einander getrennt sind, welches ganz
allmälig in normales Lungengewebe übergeht." Dementsprechend
nennt auch der Verfasser selbst später die Affection nicht eine
pleuritische, sondern eine Lungenerkrankung.

Die Gründe nun, welche derselbe gegen die Priorität der
Lungenaffection anführt, sind nach allen unseren ausführlich
dargelegten Erfahrungen über die Lungenaktinomykose wenig
stichhaltig. Zunächst wird als Gegengrund die geringe Ausdehnung
des aktinomykotischen Herdes in der Lunge genannt. — Es ist
aber gar nicht ersichtlich, warum ein kleiner mykotischer Herd
nicht mit derselben Wahrscheinlichkeit zum Ausgangspunkte
einer ausgedehnten Invasion des Körpers werden kann wie ein
grösserer, da es sich ja nicht um eine Intoxication durch eine
bestimmte Quantität in dem Herde vorgebildeter Substanzen,

sondern um eine Infection durch lebendige Pilze handelt, welche
sich in's Ungemessene vermehren.

Gerade die Kleinheit der primären Lungenherde im Gegensatze zu der grossen Ausdehnung der Verwüstungen in den
lockeren Bindesubstanzen ist, wie wir besonders zu wiederholten
Malen betont haben, ein bei der primären Lungenaktinomykose häufiger Befund, der seinen Grund offenbar darin hat, dass
die Lunge keinen sehr günstigen Boden für die Vegetation dieser
Pilze abgiebt, und dass einer ausgedehnten Propagation derselben in diesem Organe durch die stets eintretende reactive
schwielige, bindegewebige Verdichtung in der Peripherie der
Herde, Schranken gezogen werden.   Hieraus erklärt sich leicht,
warum in dem vorliegenden Falle von dem an der äussersten
Kante des Lungenlappens befindlichen Herde mit viel grösserer
Leichtigkeit eine Propagation des Processes über die Lungen-
grenze hinaus in das Bindegewebe des Mediastinum zu Stande
kam, als eine Vergrösserung des Herdes im Lungenparenchyme
selbst. Dass die Lunge kein sehr günstiger Boden für die Ansiedelung und das Fortkommen der Aktinomyces ist, zeigt über-
dies die Thatsache, dass in diesem Falle die Lungen die einzigen
von Metastasen verschonten Organe waren, — eine Erfahrung, die
wir ebenso in einem ähnlich bösartigen Falle metastatischer Generalisation (No. 23) machen konnten, — wie überhaupt die aktinomykotischen Lungenmetastasen gegenüber der Häufigkeit anderer metastatischer Localisationen sehr selten zu nennen sind.

Weiter führt der Herr Verfasser gegen die Priorität des
Lungenleidens den Umstand an, dass keinerlei Beschwerden von
Seiten des Respirationsapparats geklagt wurden.   Nun haben
wir gerade diese latente symptomlose Entwicklung der Lungenaktinomykose als eine durchaus typische charakteristische Erscheinung dieser Krankheit kennen gelernt, so dass die Thatsache das Gegentheil von dem beweist, was sie beweisen soll.
Und was nun endlich den Umstand anbetrifft, dass weder auscultatorisch, noch percussorisch die Lungenaffection nachzuweisen
war, so ist es erstens fraglich, ob man diese Untersuchung bei
dem Mangel von subjectiven Lungensymptomen überhaupt vorgenommen hat, zweitens unwahrscheinlich, dass man physicalisch

etwas hätte nachweisen können. Denn welche physicalischen
Erscheinungen könnte wohl die bindegewebige Verdichtung eines
ganz schmalen Streifen des vorderen Lungenrandes machen,
der auf dem Herzen, also im Bereiche der Herzdämpfung liegt,
und durch seine Degeneration ausser jeder Beziehung zur Luft-
circulation steht? Endlich wäre auch die physicalische Untersuchung unmöglich gemacht worden, indem gerade auf der Stelle,
welche zu untersuchen war, der grosse Abscess sich befunden
hatte. Kann ich somit die Einwände des Autors gegen den
primären Charakter der Lungenaffection nicht gelten lassen, so
giebt es eine Anzahl gewichtiger Gründe, die in positivem Sinne
für eine primäre Lungenaktinomykose sprechen. In erster Reihe
ist es die Structur des Lungenherdes selbst, welche den Charakter eines Primäraffects, nicht einer fortgeleiteten Eiterung
trägt. Denn wir finden das befallene Gebiet von vielen kleinen
Abscessen durchsetzt, deren jeder von einer Granulationsschicht
umgrenzt, durch ein fibröses Gewebe von seinem Nachbar-
abscesse getrennt ist, dergestalt, dass nach dem Ausfallen des
eitrigen Inhalts eine cavernöse Structur des Gewebes ähnlich
dem ausgepinselten Schnitte eines Scirrhus übrig blieb. Eine
solche Multiplicität miliarer, von einander völlig getrennter,
durch eine Zone schwieligen Gewebes isolirter aktinomykotischer
Abscesse ist nicht zu erklären durch Continuitätspropagation
des Processes von einem ausserhalb der Lunge gelegenen Pilzherde,
sondern weist deutlich auf die Entstehung durch Aspiration
multipler Pilzkeime hin.

Einen weiteren bedeutsamen Hinweis auf das grösste Alter
der Lungenaffection giebt die Thatsache, dass die daselbst befindlichen Herde sich sowohl an Reichthum, wie an Grösse der
enthaltenen Pilzdrusen vor allen anderen auszeichneten.

Endlich findet die durch Propagation erzeugte secundäre
Affection der Brustwand in Gestalt einer neben dem Sternum
erscheinenden sarcomähnlich festen Geschwulst ihr völliges Analogon in dem Falle 20, der gerade als das beweiskräftigste
Specimen einer primären Lungenaktinomykose bezeichnet werden
darf, weil die Lungenaffection vor dem Erscheinen der äusseren
Geschwulst nachgewiesen werden konnte. Wenn man zu dieser

Summe von Argumenten noch hinzufügt, dass das Zustandekommen einer primären Lungenaktinomykose durch Aspiration
leicht verständlich ist und sich auf positive Erfahrungen stützt,
während für die Entstehung einer primären subcutanen aktinomykotischen Geschwulst weder die Wahrscheinlichkeit, noch die
Erfahrung spricht, so wird man keinen Anstand nehmen, den
Fall als primäre Lungenaktinomykose aufzufassen und in die
Gruppe II. einzureihen. Ein Licht auf die Pathogenese des Falles
wirft vielleicht der bemerkenswerthe Befund einer Aktinomykose
der Alveolen und des Zahnfleisches. Hier wäre möglicherweise
die Stelle der ersten Pilzansiedelung zu suchen, von wo die
Keime in die Lunge aspirirt wurden, eine Möglichkeit, welche ich
schon in meiner ersten Arbeit (1877) in Erwägung gezogen habe.

Fall 26 (Ponfick).

Rudolph Timmler, Schmiedegeselle, aufgenommen 22. März 1881,
gestorben 5. Mai 1881. Anamnese: Vor circa Jahresfrist Erkrankung
an Erbrechen, Stichen in der linken Seite und Auswurf. Nach 14 tägigem
Krankenlager volle Wiederherstellung. Abermaliges Auftreten ziehender
und stechender Schmerzen in der linken Brusthälfte vor Weihnachten 1880.
Der Athem wurde leicht kurz und beklommen; Abnahme der Kräfte, Schwellung der Beine. Bis 11. März verrichtet er mühselig seine Arbeit.

Status: Auffallende Blässe, hochgradige Schwäche. Starke Brust-
beklemmung mit heftigem Hustenreiz. Rechte Lunge gesund. Links im
Bereiche der unteren Thoraxpartie Dämpfung nach oben bis zur 4. Rippe
vorn, bis Spina scapulae hinten reichend. Im Dämpfungsbereiche leises
Bronchialathmen und Knistern. Herzdämpfung nicht vergrössert. Unterer
Leberrand überragt den Rippenbogen um 3 Querfingerbreiten. Kein Ascites.
Urin dunkelroth und sedimentirend ohne Eiweiss. Temperatur und Puls
normal.

Verlauf: Ende März Oedem erst des linken, dann des rechten Beins,
dann Ascites und Hydrothorax dexter; links am Thorax keine Veränderung. Steigende Orthopnoe, quälender Husten. Nachdem Pat. schon längere
Zeit über Schmerzen in den stark oedematös geschwollenen .Hautdecken
der hinteren Thoraxwand geklagt, markirte sich am 3. Mai eine begrenzte
Stelle über der 11.—12. Rippe links durch schwache Röthung und Fluctuation. Bei Incision Entleerung geringer Menge schmierigen gelblichen
Eiters. — Während der ganzen Krankheit Maximaltemperatur 38,8. Tod
am 5. Mai.

Sectionsbefund: Mehrere subcutane und intermusculäre Herde,
welche theils dickflüssigen, rahmigen, röthlich gelben Eiter mit Aktinomyces, theils gallertiges, röthlichgelbes Granulationsgewebe enthalten. Die

rechte Lunge zeigt nichts Wesentliches. Die linke Lunge vorn durch lockere Adhäsionen, hinten durch dicke nur sehr mühsam trennbare Schwarten und Stränge mit der Brustwand, medianwärts mit dem Herzbeutel verwachsen. Die Synechie erstreckt sich nach abwärts bis zum Zwerchfell und setzt sich unmittelbar in eine starre, speckige, die linke Niere umhüllende Masse fort. Das Diaphragma links ganz in die Schwielenbildung aufgegangen. — Nach Ablösung oder Durchschneidung dieser Schwielen gelangt man in eine $\frac{1}{2}$ Ctm. tiefe peripleurale, von flockig fetzigen Granulationen ausgekleidete Höhle, die sich von der 7. bis 12. Rippe erstreckt. Im Grunde der Höhle liegen sowohl die Rippen stellenweise rauh und angefressen, als auch zeigen die 3 untersten Brust- und die 2 obersten Lendenwirbel in ihrer linken Hälfte oberflächliche Erosionen und leichte periostale Wucherungen. In der Gegend der 10. und 11. Rippe gehen von der Höhle einige Gänge theils in die Rückenmuskulatur, theils zu der Incisionswunde im 11. Intercostalraume. In eine gleichartige Degeneration ist der linke M. Psoas zum grössten Theile hineingezogen. Die linke Lunge zeigt im Oberlappen, sowie in den vorderen und medianen Partien des Unterlappens nur ein geringes Oedem, dagegen ist der grössere Rest des Unterlappens (der hintere und äussere an die peripleuritische Höhle anstossende Theil) sehr derb, schwer schneidbar, blauschwarz, fast ganz luftleer, mit Einsprengungen von stecknadelkopf- bis erbsengrossen aktinomykotischen Herden, namentlich in seinen unteren Abschnitten. Ein ebensolcher aktinomykotischer Brei wird hier und da in den Bronchien gefunden, während die Lungengefässe bis in ihre feineren Verzweigungen frei sind. Eine Continuität zwischen den kleinen aktinomykotischen Lungenherden und der peripleuritischen Höhle weder makroskopisch noch mikroskopisch nachweisbar. — Herz: frische allgemeine Pericarditis; aktinomykotische Herde im Myocard des linken Ventrikels. Diaphragma im Bereiche des oberen Milzpols von zahlreichen Aktinomyceskörnern durchsetzt. In der Bauchhöhle reichlicher Erguss bräunlichgelber Flüssigkeit. — Kehlkopfschleimhaut geröthet, geschwollen mit zahlreichen flachen Geschwüren versehen. Tonsillen zeigen im Centrum mehrere ganz glatte, glänzend weisse Stellen. Zähne gesund.

Der Autor fasst den Fall als eine primäre aktinomykotische Peripleuritis auf, und lässt es dahingestellt, ob die Lungenaffection auf dem Wege der Fortleitung des Processes in der Continuität oder auf embolischem Wege zu Stande gekommen sei. Jedenfalls betrachtet er dieselbe als secundäres Leiden. Trotz dieser Auffassung des Autors habe ich den Fall in die Gruppe der primären Lungenaktinomykosen einordnen zu müssen geglaubt, weil mich die nachfolgenden Erwägungen die Lungen-

affection als das primäre, die Peripleuritis als das secundäre
Leiden betrachten lassen.

Bei Annahme einer secundären Lungenaffection könnte es
sich entweder nur um eine metastatische oder eine in der Continuität fortgeleitete Erkrankung handeln. Die erstere Möglichkeit
muss wegen ihrer zu grossen Unwahrscheinlichkeit von vornherein von der Hand gewiesen werden. Denn es wäre doch
in hohem Grade befremdend, wenn die Pilzemboli aus dem
grossen Stromgebiete beider Lungenarterien sich just nur den
ganz beschränkten Theil des linken Unterlappens ausgesucht
hätten, welcher der peripleuralen Höhle unmittelbar anliegt,
dergestalt, dass sie in dem ausschliesslich betroffenen Unterlappen sogar die Partien verschont haben, welche dem Er-
krankungsbezirke der Brustwand nicht unmittelbar anliegen. Eine
solche nur auf die allernächste Nachbarschaft der Brustwand-
phlegmone beschränkte Lage der Lungenherde spricht mit ungleich grösserer Wahrscheinlichkeit für eine Continuitätsbeziehung
zwischen den beiden Processen. Es kommt ferner hinzu, dass
der anatomische Charakter der Lungenerkrankung ganz abweicht
von den als zweifellose Metastasen aufzufassenden Herden des
Herzens und des subcutanen wie intermusculären Bindegewebes,
dass derselbe vielmehr durch seinen indurativen Charakter sich
als völlig identisch erweist mit den ungemein chronischen Lungen-
affectionen derjenigen Fälle, in denen die primäre Entwicklung der
Aktinomykose in der Lunge über jeden Zweifel festgestellt ist.

Des weiteren ist auch die Thatsache, dass bei genauester
Untersuchung die Gefässbahnen frei von Veränderungen gefunden wurden, während in den Bronchien die aktinomykotischen
Massen zu constatiren waren, nur im Stande, die Auffassung zu
stützen, dass der Import der Pilze von den Luftwegen her stattgefunden hat. So wie alle diese Erwägungen durchaus gegen
eine metastatische Entstehung der Lungenaffection sprechen, so
sprechen die folgenden ebenso gewichtig gegen die Annahme
einer secundären Entstehung derselben durch Fortleitung. Wie
sollte man sich wohl mit einiger Wahrscheinlichkeit das
Zustandekommen einer grossen Anzahl weder untereinander,
noch mit der peripleuritischen Höhle zusammenhängender, son-

dern disseminirter, durch schwielig indurirtes Gewebe von
einander getrennter Lungenherde aus dem Uebergreifen einer
diffusen Affection der Brustwand auf die Lunge erklären? Ist
es nicht nach Analogie der Krankheitsentwicklung in den
vorigen Fällen viel einleuchtender, auch in diesem Falle anzunehmen, dass von einem peripher gelegenen Lungenherde aus
die Pilze auf die Brustwand überwanderten und hier zu einem
diffusen Processe im peripleuralen Gewebe führten? Endlich
sei noch ein letzter Grund angeführt, der für das höhere Alter
der Lungenaffection spricht. Einerseits nämlich lehren unsere
bisherigen Erfahrungen, dass der Verlauf des aktinomykotischen
Processes in der Lunge ein ungemein chronischer ist, so dass
viele Monate erforderlich sind, um eine so ausgedehnte schwielige Degeneration des Lungengewebes hervorzubringen, wie in
diesem Falle gefunden wurde. Auf der anderen Seite wissen
wir, dass in der Brustwand die Propagation der Aktinomykose
sehr viel schneller vor sich geht, als in der Lunge. Mit diesen
feststehenden Erfahrungsthatsachen würde es in grellem Widerspruch stehen, einer Peripleuritis, welche erst 2 Tage vor dem
Tode an die Oberfläche der Brustwand vorgerückt war, ein
höheres Alter zuzuschreiben, als der benachbarten Lungenaffection, deren ausserordentlich grosse Chronicität durch ihr anato-
misches Verhalten wie durch die Analogie gleichartiger Fälle
ausser Zweifel steht.

Diese Ausführungen nöthigen meines Erachtens dazu,
den Fall den hier abgehandelten Fällen von primärer Lungenaktinomykose einzureihen, unter denen sich völlige Analoga
finden bezüglich aller der Einzelaffectionen, aus denen sich das
Krankheitsbild zusammensetzt, nämlich bezüglich des Sitzes
und anatomischen Charakters der Lungenaffection, der Ausdehnung der Erkrankung auf Brustwand, Zwerchfell, retroperito-
naeales Gewebe, M. Psoas, wie der Metastasenbildung. — In
einer Beziehung indessen unterscheidet sich der Fall von den
erwähnten anderen: nämlich durch den mangelnden Nachweis
eines continuirlichen Zusammenhanges zwischen der peripleuralen
Höhle und einem der Herde des Unterlappens. Ist dieser Umstand eine nicht wegzuläugnende Schwierigkeit, so trifft diese

doch ebensowohl die Ponfick'sche Auffassung von dem Conti-
nuitätsverhältnisse wie die meinige. Nichtsdestoweniger ist dieser
nicht nachgewiesene Zusammenhang ein nothwendiges Postulat
für jeden Erklärungsversuch überhaupt, sofern man nicht die
von mir als unhaltbar zurückgewiesene Annahme der metastatischen Natur der Lungenaffection gelten lässt. — Zum
Verständniss dieser zuerst befremdenden Thatsache mag an
die Erfahrungen erinnert werden, die wir bei Betrachtung
der Gruppe I. (Aktinomykose des Gesichts und des Halses)
über das Wandern aktinomykotischer Herde gewonnen haben.
Wir sahen, dass ein aktinomykotischer Herd scheinbar wandern
kann, indem nach der einen.Seite hin die Degeneration fort-
schreitet, während von der entgegengesetzten Seite her eine Vernarbung eintritt, welche zur Bildung bindegewebiger Schwielen
führt. So konnte beispielsweise ein ursprünglich hart am Unterkieferwinkel gelegener Herd successive bis auf den Ringknorpel
hinabgleiten. während der Weg seiner scheinbaren Wanderung
änfänglich noch durch einen Bindegewebsstrang markirt wurde,
schliesslich gar nicht mehr nachzuweisen war. — Wenden wir
diese Erfahrung auf unseren Fall an, so muss man die Möglichkeit anerkennen, dass der Weg der Ueberwanderung der Pilze von
einem peripheren Lungenherde nach der Brustwand durch narbige Obliteration so verödet werden kann, dass er in dem
schwieligen speckigen Gewebe der dicken Pleuraschwarte nicht
mehr nachzuweisen ist.

Pathologie und Diagnostik der Gruppe II: Primäre Lungenaktinomykose.

Die Erfahrungen, welche an der beschränkten Zahl bisher
beobachteter Fälle gewonnen werden konnten, müssen, der Natur
der Dinge nach, lückenhaft sein. Das folgende Bild soll daher

nur die wesentlich charakteristischen Züge der Krankheits-
physiognomie bringen. — Weitere Detailbeobachtungen, welche
die Zukunft sicher bringen wird, werden sich dann in diese
Skizze einzeichnen lassen.

Die primäre Lungenaktinomykose erscheint in zwei von
einander durchaus verschiedenen Formen, und zwar erstens als
eine catarrhalische Oberflächenerkrankung der Luftwege, zweitens
als eine destructive Erkrankung des Lungenparenchyms selbst.

Für die erstere Form liegt erst eine klinische Erfahrung
ohne Sectionsbefund vor. Nach dieser handelt es sich um einen
chronischen diffusen Bronchialcatarrh ohne nachweisbare Alteration des Lungenparenchyms, mit einer fötide riechenden, spärlichen zähen Absonderung, welche beim Stehen sich in eine
obere reichlichere Schleimschicht und ein unteres spärliches
Sediment scheidet, dem ausser Eiterkörpern und Lungenepi-
thelien reichliche Aktinomyceskörner beigemischt sind. Trotz
langjährigen Bestehens der Affection und häufiger intercurrenter
kurzer Fieberanfälle war ein ungünstiger Einfluss auf die Constitution nicht wahrnehmbar.

Wie die anatomischen Grundlagen für dieses Krankheitsbild beschaffen sind, darüber wissen wir nichts; wir können uns
indessen ungefähr eine Vorstellung von der mykotischen Affection der Bronchialschleimhaut machen, wenn wir mutatis mutandis den Vergleich mit einem von Chiari beschriebenen Falle
(No. 27) von Oberflächenerkrankung der Darmmucosa zu Hülfe
nehmen.

Ebensowenig wissen wir, ob diese superficielle Form in die
parenchymatöse übergehen kann.

Völlig verschieden gestaltet sich anatomisch wie klinisch
die parenchymatöse Form der primären Lungenaktinomykose.
Hier bleiben die aspirirten Pilze nicht in den gröberen Luftwegen, sondern gelangen in die feinsten Bronchien und in die
Alveolen. Unter Einwirkung der Pilze kommt es zur Bildung
peribronchitischer oder pneumonischer Herde von verschiedener,
bisweilen nur miliarer Grösse, indem in den Alveolen eine chronisch entzündliche Rundzellenwucherung Platz greift, welche

bald der Verfettung anheimfällt. Letztere giebt den hepati-
sirten kleinen Herden einen gelben oder gelbweissen Farbenton.
Mit zunehmendem Alter erliegt dieses neugebildete Zellen-
material unter Vermehrung der Strahlenpilzhaufen einer necrobio-
tischen Einschmelzung; dazu gesellen sich mehr minder reichlich auftretende Eiterkörperchen, sowie nicht selten kleine
capillare Blutaustritte. So entstehen aus den Verdichtungs-
herden Hohlräume, gefüllt mit einem Brei, welcher aus Eiter-
zellen, Fettkörnchenkugeln, freien Fetttropfen, Blutkörpern, Blut-
farbstoffschollen und Aktinomycesrasen besteht; nicht selten
bilden auch Cylinderepithelzellen einen Bestandtheil. Werden
die Höhlen grösser, so dass sie aneinanderstossen, dann confluiren sie unter Usur der Scheidewände. In der Umgebung
dieser chronisch entzündlichen Herde kommt es nun zu einer
reactiven diffusen Erkrankung des betroffenen Lungenabschnittes,
indem eine Wucherung des Bindegewebsgerüstes Platz greift,
welche die Alveolen erdrückt, zum Schwund der Alveolarepithelien führt und schliesslich das Lungengewebe in eine derbe,
an elastischen Elementen reiche, schwer schneidbare Binde-
gewebsmasse verwandelt, die je nach dem Pigmentreichthum
eine Farbenvariation von hellgrauen, durch schiefrige bis zu
blauschwarzen Tönen zeigt. Gegen diese Grundsubstanz grenzen
sich die pathologischen Höhlenbildungen durch eine dünne Schicht
von Granulationsgewebe ab, welches bei höherem Alter der Affection und erheblicherer Grösse der Hohlräume braungelb gespren-
kelt, von mürber Consistenz ist, unter dem Wasserstrahl fetzig
flottirt und in seinen Vertiefungen und Sinuositäten durchweg
die charakteristischen Strahlenpilzkörner beherbergt.

Das ist in Kürze die anatomische Grundlage des ersten
Krankheitsstadiums welches den Zeitabschnitt umfasst, während
dessen der Process auf das primär ergriffene Organ, nämlich
die Lunge, beschränkt bleibt. Forscht man nun nach, durch
welche Symptome sich die Lungenaktinomykose in diesem,
ihrem Anfangsstadium verräth, so findet man leider, dass dieser
erste Act des Dramas grösstentheils hinter den Coulissen ab-
spielt. Bei der Majorität der Fälle wird der Arzt erst auf-
merksam gemacht durch diejenigen Erscheinungen, welche der

6*

eben geschilderten ersten Krankheitsperiode folgen, während diese selbst zum grössten Theile latent für die Beobachtung bleibt. Die Gründe dafür sind folgende. Zunächst setzt die Krankheit meistens nicht acut ein; die entzündlichen Folgezustände der Pilzinvasion entwickeln sich so allmälig, dass kaum ein Patient den wahren Beginn seiner Krankheit angeben kann. — Das erste auf die Lungen deutende Symptom, welches sich mit der Zeit einstellt, ist ein sparsamer Auswurf, bei unbedeutendem Hustenreiz, beide oft so gering, dass der weniger intelligente oder weniger gebildete Patient gar keinen besonderen Werth darauf legt. Deshalb bekommt in diesem Stadium selten ein Arzt den Kranken zu sehen. Auch das spärliche Sputum sieht scheinbar sehr unverfänglich aus, und doch kann es im Falle seines Vorhandenseins genügen, die Diagnose zu stellen. Es ist weisslich, besteht aus einem Convolut feiner schleimig-eitriger, aus den feinsten Bronchien stammender Fäden und zeigt zwischen denselben eingeschlossen hier und da die makroskopisch erkennbaren charakteristischen Aktinomyceskörnchen, wenn es mit Nadeln sorgfältig auf einer Glasplatte oder einem schwarzen Teller ausgebreitet wird. Mikroskopisch findet man darin ausser Eiterkörpern einige Alveolarepithelien und Cylinderepithel. — Ist man aber nicht so glücklich, die Pilze im Sputum zu finden, und ist man auf die physicalische Untersuchung der Brust angewiesen, um die Quelle des Hustens und des Auswurfs aufzufinden, dann kann es sehr wohl sein, dass bei dem kleinen Umfang mancher dieser Infiltrate und Höhlen, namentlich sofern sie nicht an der Oberfläche liegen, der Percussionsbefund ein negativer ist. Hat sich aber, wie es bei länger bestehenden Fällen stets gefunden wurde, eine ausgedehntere bindegewebige Verdichtung des Lungenparenchyms um die Herde eingestellt, dann ist es oft genug möglich, auch percussorisch wie auscultatorisch die Stelle der Erkrankung zu bestimmen. Und diese Bestimmung der Localisation ist gerade für die Unterscheidung von tuberculöser Lungenerkrankung, mit der die Aktinomykosis pulmonum manche Berührungspunkte hat, von Wichtigkeit. Denn gerade die Lungenspitzen, welche von der Tuberculose bevorzugt sind, werden von der Aktinomy-

kose verschont, während diese mit Vorliebe sich in den von
der Clavicula abwärts gelegenen Lungenpartien festsetzt, und zwar
gern in deren hinteren und seitlichen Abschnitten. Das kann
selbstverständlich kein principieller Unterschied sein, ist aber
so sehr die Regel, dass in allen bisher beobachteten Fällen die
Lungenspitzen frei gefunden wurden.

Die Beobachtung dieses Umstandes ist um so wichtiger,
als im weiteren Verlaufe der Lungenaktinomykose nicht selten
die Erscheinungen Aehnlichkeit mit dem Bilde einer chronischen
Phthisis pulmonum tuberculosa bekommen. Die Patienten hüsteln
etwas bei spärlichem Auswurf, sie schwitzen auch bisweilen Nachts,
wahrscheinlich in Folge hektischer Temperaturschwankungen, sie
werden blasser und etwas kurzathmiger. Noch grössere Aehnlichkeit gewinnen die beiden Krankheitsbilder, wenn, wie bisweilen beobachtet wird, der Auswurf blutig wird. Immerhin ist
diese Aehnlichkeit nur eine oberflächliche. Denn einerseits ist
weder eine länger dauernde Haemoptoë, noch der Auswurf nennens-
werther Quantitäten flüssigen Blutes bislang bei der Lungenaktinomykose beobachtet worden. Vielmehr ähnelt das Sputum, im
Falle es sanguinolent ist, mehr dem rubiginösen Sputum der
Pneumonie, als dem haemoptoischen der Tuberculose. Wie es
ferner bei vielen Leuten mit beschränkter chronisch tuberculöser
Lungenaffection geht, so kann auch bei der Lungenaktinomykose der ganze Process, so lange er auf kleinere Bezirke der
Lunge beschränkt bleibt, abspielen, ohne dass der Patient sich
krank fühlt, ohne dass seine Arbeitsfähigkeit auffällig beeinträchtigt wird, ohne dass Appetit, Verdauung und Schlaf leiden.

Bei dieser Unsicherheit der Diagnose im Anfangsstadium
bedarf es kaum des Hinweises, dass die regelmässige Untersuchung des Sputums auf Aktinomyces wie auf Tuberkelbacillen
von grösstem Werthe sein kann, wenn auch ein negativer Pilz-
befund nichts gegen eine mykotische Aetiologie beweist.

Prägnantere Erscheinungen macht die Krankheit erst in
ihrem zweiten Stadium, dem der Propagation über die Lungengrenzen hinaus. Eine solche Propagation findet statt theils auf
dem Wege continuirlichen Fortschreitens des Processes durch
Vicinalcontagion, theils auf dem Wege der metastatischen Ver-

schleppung der Pilze in entfernte Organe. Wie es scheint, geht der erstere Modus stets dem zweiten voran; weiterhin laufen beide Verbreitungsweisen neben einander her; doch braucht es nicht nothwendig zu Metastasen zu kommen.

Betrachten wir zunächst die Verbreitung in der Continuität, so haben wir es zuerst mit entzündlichen Veränderungen nicht specifischer Natur zu thun, welche die serösen Ueberzüge der Lunge, der Brustwand, des Zwerchfells ergreifen. Hierdurch kommt es entweder zu einer Verwachsung der Lungenpleura mit Costal-, bezw. Zwerchfellspleura, welche sich manchmal auf den Bezirk des erkrankten Lungenabschnittes beschränkt, manchmal denselben erheblich überschreitet, — oder es kommt unter den Erscheinungen einer acuten Pleuritis zu einem serösen Erguss in die Pleurahöhle. Häufig findet eine Combination adhäsiver und exsudativer Processe in der Weise statt, dass der erkrankte Lungenlappen mit der Brustwand oder dem Zwerchfell verwächst, und später in dem nicht obliterirten Theile der Pleurahöhle ein Erguss sich einstellt. Mit zunehmendem Alter der Krankheit kommt es nicht selten in dem Bereiche der Verwachsung der Lunge mit der Brustwand durch Schrumpfung des bindegewebig umgewandelten Lungenparenchyms zu einer Einziehung der Thoraxwand, dem sogenannten Rétrécissement de la poitrine. Erstreckt sich diese Schrumpfung über grössere Lungenabschnitte, dann kann sich secundär eine Erweiterung der rechten Herzhälfte hinzugesellen. Diese Lungenschrumpfung nun verdient eine besondere Beachtung, da sie von grosser Wichtigkeit für die Diagnose unserer Krankheit sein kann. In einer grösseren Zahl der Fälle nämlich datiren die Kranken irrthümlich den Beginn ihres Leidens erst von einer im Verlaufe der Krankheit auftretenden acuten Pleuritis, und verführen die Aerzte zu derselben Annahme, da die primäre Lungenkrankheit bei dem latenten Verlaufe ihres Anfangsstadiums sich der Cognition entzogen hatte. Gelingt es nun in solchem Falle zu gleicher Zeit mit den acuten pleuritischen Erscheinungen ein Rétrécissement an der betroffenen Thoraxseite zu constatiren, so ist damit sofort der Beweis erbracht, dass schon ein chronischer Process **ab**gespielt hat, ehe die acute Pleuritis auftrat.

Welcher Art nun im gegebenen Falle dieser chronische Process war, das wird man bis zu einem hohen Grade von Wahrscheinlichkeit durch nachfolgende Erwägung festzustellen vermögen. Die Ursachen eines spontan entstandenen Rétrécissement sind zu suchen entweder in einer voraufgegangenen primären Pleuritis oder in einem primären Lungenprocesse mit consecutiver Obliteration der Pleurahöhle. Zwischen diesen beiden Kategorien wird zunächst die Entscheidung zu treffen sein. Von vornherein wird bei der Symptomlosigkeit der Entstehung eine acute exsudative genuine Pleuritis als ätiologisches Moment der Schrumpfung auszuschliessen sein. Chronische, insensibel verlaufende, zur Obliteration der Pleurahöhle führende Pleuritiden sind aber niemals selbstständige primäre Erkrankungen, sondern entwickeln sich stets in Abhängigkeit von einem Leiden der Nachbartheile wie der Lunge, der Wirbel oder Rippen. Wo für die Annahme eines Knochenleidens kein Grund vorliegt, richtet sich der Verdacht naturgemäss auf die Lunge als Ausgangspunkt des Processes.

Als wesentlichste Lungenleiden nun, welche zur Lungenschrumpfung Anlass geben können, haben wir den Abscess, die Gangrän, die Tuberculose und — nach meinen Beobachtungen — die Aktinomykose zu nennen. Abscess und Gangrän fallen für die Fälle von symptomloser Entwicklung des Lungenleidens fort, so dass schliesslich die Entscheidung zwischen tuberculöser und aktinomykotischer Natur des primären Lungenleidens übrig bleibt.

Für diese Differentialdiagnose ist, falls es sich nicht um eine Combination beider Krankheiten handelt, massgebend der Gehalt des Sputums an Tuberkelbacillen und elastischen Elementen einerseits, an Strahlenpilzen andererseits; als unterstützendes diagnostisches Moment in erster Reihe ist die Localisation der Lungenschrumpfung anzusehen, welche bei Aktinomykose im Gegensatze zur Tuberculose meistens die Lungenspitzen freilässt, endlich Hereditätsverhältnisse und Thoraxbau, zwei Gesichtspunkte, die für den Verdacht auf tuberculöse Phthise trotz fortschreitender Exactheit unserer diagnostischen Hülfsmittel nicht zu unterschätzen sind.

So kann die Constatirung einer Thoraxschrumpfung neben einer frischen gleichseitigen Pleuritis unsere Aufmerksamkeit auf die Möglichkeit des Bestehens einer chronischen Lungenaktinomykose, als Ausgangspunkt des ganzen Symptomencomplexes lenken; es ist darum von Werth, in sorgfältigster Weise seine Aufmerksamkeit selbst auf geringe Differenzen im Volumen der beiden Thoraxhälften zu richten.

Dass diagnostische Erwägungen wie die vorstehenden nicht blos am Schreibtische zu einem positiven Resultate führen, dafür liefert die Thatsache den Beweis, dass es mir gelungen war, auf Grund derselben bei dem Falle 19 nach der ersten Untersuchung die Diagnose der primären Lungenaktinomykose zu stellen.

Ebenso wie die Pleura kann nun der Herzbeutel durch Verbreitung des entzündlichen Processes in der Continuität ergriffen werden und damit eine fibrino-seröse Pericarditis oder eine Verwachsung beider Blätter erzeugt werden.

Ungleich wichtiger als diese secundären Entzündungen nicht specifischen Charakters sind die durch Continuitätspropagation entstehenden specifisch aktinomykotischen Affectionen der den Lungen benachbarten Theile. Nachdem nämlich der erkrankte Lungenabschnitt mit seinen Umgebungen verschmolzen ist, verbreitet sich der aktinomykotische Process von einem der pulmonalen Herde fortwuchernd, durch die dicken schwartigen Verwachsungen nach verschiedenen Richtungen. Je nach dem Wege, den der Process einschlägt, gestaltet sich das weitere Krankheitsbild sehr verschieden. Drei Wege der Propagation sind es vorzüglich, die in Betracht kommen.

Am häufigsten geht der Process auf das peripleurale Gewebe der Brustwand, oft mit Betheiligung des praevertebralen Gewebes über, häufiger hinten und seitlich als vorn. Findet dieser Uebergang von dem untersten Theile der Lunge aus statt, insbesondere von dem unteren hinteren Rande derselben, dann ereignet es sich wohl, dass der Process von dem peripleuralen Gewebe hinter der Rippeninsertion des Zwerchfells hinab nach der hinteren Bauchwand kriecht, sich daselbst im retroperitonaealen Gewebe ausbreitet und von dort auf den M. Ileopsoas und den Quadratus lumborum übergreift. Der zweite Modus der Verbreitung geschieht von der Lungenbasis durch das Zwerchfell hindurch in den Bauchraum. Hat sich vorher keine genügende Verwachsung zwischen Leber und Milz einerseits, Zwerchfell andererseits gebildet, dann kommt es zu diffuser Peritonitis oder zu einem subphrenischen Abscesse über der Leber oder der Milz. Sind aber diese Organe schon mit dem Diaphragma verwachsen gewesen, ehe dasselbe von der aktinomykotischen Wucherung durchbrochen war, dann kann es durch directe Fortleitung zur Abscessbildung in den genannten grossen Unterleibsdrüsen kommen.

Der dritte Weg der Propagation geht nach dem Mediastinum anticum und dem Herzbeutel. Nach Durchwucherung des parietalen Blattes erfüllt dann die aktinomykotische Granulation die Pericardialhöhle als eine sulzige von Pilzherden durchsetzte Masse.

Welchen der genannten Wege der Process einschlägt, hängt in erster Linie von dem Sitze der aktinomykotischen Herde in der Lunge ab, in zweiter Linie aber von der verschiedenen Widerstandsfähigkeit der einzelnen Gewebe gegenüber der Einwirkung des Aktinomyces. Während nämlich in den parenchymatösen Organen, der Lunge, Leber, Milz, der Process selbst nach langen Zeiträumen selten zu erheblicher diffuser Ausdehnung in Folge von Continuitätspropagation gelangt, bietet das den Serosae benachbarte Bindegewebe, also das peripleurale, praevertebrale, mediastinale, retroperitonäale Gewebe den Pilzen den günstigten Boden für ihre verheerende Thätigkeit dar. Während in der Lunge die stets anzutreffende reactive Bindegewebswucherung einerseits für die Langsamkeit des Krankheitsverlaufs Zeugniss ablegt, andererseits der Weiterverbreitung der specifischen Degeneration Schranken setzt, treten in den genannten Zellgewebsstratis derartige reactive Zustände häufig gegenüber dem schrankenlosen Weiterkriechen des Processes in den Hintergrund, dessen verwüstender Wirkung daselbst in kürzerer Zeit viel grössere Territorien zum Opfer fallen, als in der Lunge bei viel längerer Krankheitsdauer. Diesem Umstande nun ist es zu verdanken, dass, gleichgültig wo der Sitz der primären Lungenherde sein mag, die mykotische Degeneration, wenn sie

einmal die Lungengrenzen überschritten hat, im praevertebralen
oder peripleuralen Gewebe so grosse Dimensionen anzunehmen
pflegt, dass denen gegenüber die Affectionen der parenchymatösen Organe in den Hintergrund gedrängt werden, und das
Krankheitbild seine wesentliche Physiognomie durch die phle-
gmonösen Flächenerkrankungen an Brustwand und Rücken
erhält. Hier können nun die Verwüstungen in den der Serosa
angrenzenden tiefsten Schichten schon grosse Strecken be-
troffen haben, ehe der Process sich bis an die Oberfläche
durchgearbeitet hat, und zwar erscheint er hier um so später,
je dickere Weichtheilstrata zwischen den Serosae und der Cutis
liegen, also am spätesten an der Rückwand neben den Brust-
resp. den Lendenwirbeln. Während das peripleurale, präverte-
brale oder retroperitonäale Gewebe unter dem Einfluss der
Pilzwucherung in ein bisweilen gallertiges Granulationsgewebe
verwandelt wird, entstehen in demselben durch Verfettung, necro-
biotischen Zerfall und Eiterung Hohlräume, erfüllt von pilzreicher
Flüssigkeit, die bald zäh schleimig eitrig, bald dünnflüssiger
aus einem verschiedenen Mischungsverhältnisse von Eiter, Zell-
trümmern, Fettkörnchenkugeln und rothen Blutkörperchen im
Zustande mehr minder vorgeschrittenen Zerfalls besteht. Weiter
kriecht der Degenerationsprocess auf gewundenen, häufig die
Richtung ändernden Fistelgängen zwischen und durch die Muskel-
lager zum subcutanen Bindegewebe. Zu dieser Wanderung von
der Lunge bis zur Haut sind nicht selten Monate erforderlich.

Diesen Zeitabschnitt, in welchem der Process die Lungengrenzen überschritten hat und bis zur Haut vorgerückt ist, be-
zeichne ich als das zweite Stadium der Krankheit. Die in
dieser Krankheitsphase auftretenden Störungen sind es gewöhnlich, welche den Patienten zuerst zum Arzte führen; sie sind der
subjectiven wie der objectiven Wahrnehmung erheblich leichter
zugänglich als diejenigen, welche aus der rein aktinomykotischen Lungenaffection resultiren. Wie schon erwähnt, kann
es beim Uebergange vom I. zum II. Stadium gelegentlich der
Ueberwanderung des Processes von der Lunge auf die Brustwand in dem nicht obliterirten Theile der Pleura zu einer
acuten serösen Pleuritis kommen, welche mit hohem Fieber,

oft mit Frost einsetzt, für einige Tage (6—10) hohe Temperaturen unterhält und dann sich rückbildet, nachdem die Temperatur abgefallen ist. Von diesem Incidenzfalle abgesehen, machen die Kranken in diesem Stadium schon den Eindruck einer tieferen Deterioration ihres Gesundheitszustandes. Dieselbe ist alsbald für die oberflächliche Betrachtung wahrnehmbar durch eine auffallende Blässe, die schliesslich bis zum wachsartigen Aussehen sich steigern kann. Die Arbeitsfähigkeit ist in allen Fällen herabgesetzt; ein Theil der Kranken wird bettlägerig; alle klagen über ein besonders grosses Schwächegefühl. Manche der Kranken verrathen durch eine leichte Neigung des Rumpfes nach der erkrankten Seite den Sitz der Affection, andere halten sich beim Husten die Seite, offenbar um durch einen Gegendruck die schmerzhaften Excursionen des Thorax zu beschränken. Vielfach sind die Kranken abnormen Sensationen unterworfen, welche theils in einem dumpfen Gefühle von Schwere und Druck im Rücken, seltener in lebhaften Schmerzen bestehen, die manchmal einen der Intercostalneuralgie ganz ähnlichen anfallsweisen Charakter annehmen können. Die letzteren sind wohl auf Alteration der Intercostalnerven zu beziehen entweder an ihrer Austrittsstelle aus den Intervertebrallöchern oder in ihrem Verlaufe, je nach dem Sitze der Affection im prävertebralen oder peripleuritischen Gewebe.

Das Verhalten der Körperwärme in diesem Krankheitsabschnitte ist ein verschiedenartiges. Ein Theil der Fälle verläuft mit hohen remittirenden Temperaturen, ein anderer mit einem niedrigen hectischen Fieber, ein dritter scheinbar ohne wesentliche Temperaturerhöhungen, während aber doch häufige Nachtschweisse die Vermuthung nahe legen, dass der Zustand dennoch ein fieberhafter, wenn auch nicht zu allen Zeiten ist. Bisweilen wird das reine Bild der Temperaturverhältnisse dieses Krankheitsstadiums getrübt durch unregelmässig intercurrente Schüttelfröste, welche wohl meistens auf Pilzmetastasen zu beziehen sind. Druck oder Percussion im Bereiche der erkrankten Regionen giebt bezüglich der Schmerzhaftigkeit sehr verschiedene Resultate. Dieselbe wächst meistens in dem Masse, als der

Process der Haut sich nähert, kann aber bisweilen sogar bei schon sichtbarer Schwellung der Weichtheile fehlen.

Mit dem Fortschreiten der Affection nach der Oberfläche werden die sichtbaren und fühlbaren Veränderungen immer charakteristischer, daher immer leichter für die Diagnose des Leidens verwerthbar.

Die Region, in welcher der Durchbruch nach aussen sich vorbereitet, also Brust-, Rücken- oder Lendengegend, zeigt zuerst eine diffuse Schwellung ohne Veränderung der Hautfarbe. Dieser Zustand macht für die oberflächliche Beobachtung den Eindruck des Anasarca, während man sich bei der Palpation davon überzeugt, dass es sich im Wesentlichen um eine Infiltration derberen Charakters handelt, welche nur an ihrer Peripherie dem Fingerdrucke nachgiebt. Diese ödematöse periphere Zone verbreitet sich allmälig und kann sich mit der Zeit je nach der Extensität des in der Tiefe spielenden Processes über grössere Flächen, z. B. die ganze Seiten- und Rückwand des Thorax oder die Lendengegend erstrecken; bei längerem Bestande verdichtet sie sich zu einer festeren, wenig eindrückbaren Infiltration. Mit der Zeit prominirt eine circumscripte Stelle der derben Schwellung, im Bereiche derselben zeigt die Haut einen schwachen Anflug livider Färbung, und der palpirende Finger glaubt Fluctuation zu fühlen. Macht man aber eine Probepunction, so kann es begegnen, dass man zu seiner Ueberraschung in diesem Stadium keinen Tropfen zu Tage fördert, weil die scheinbare Fluctuation durch Entwicklung eines weichen Granulationsgewebes bedingt war. Hat man Glück, so aspirirt man ein Aktinomyceskörnchen, und die Diagnose ist mit einem Schlage gesichert. Mit der fortschreitenden Erweichung der Stelle wird die Haut verdünnt, bläulich, endlich an einer kleinen Stelle durchbrochen, aus welcher sich entweder reichlicher zäher, schleimig-eitriger Abscessinhalt von übelem Geruche oder in anderen Fällen eine spärliche dünne geruchlose Flüssigkeit entleert, untermischt mit den specifischen Pilzelementen.

Nach dieser Schilderung durchläuft demnach die aktinomykotische Gewebsdegeneration zwei Stadien: zunächst das der

Granulation, welche elastisch pseudofluctuirende Anschwellungen torpiden Charakters hervorbringt; demnächst das der necrobiotisch-eitrigen Einschmelzung, welches zur Bildung von Abscessen resp. Geschwüren führt. Die Zeitdauer nun, während welcher sich ein aktinomykotisch degenerirtes Gewebe im Stadium der Granulationsbildung erhält, ehe es zur Einschmelzung kommt, variirt in weiten Grenzen. In einer Reihe von Fällen persistirt das der Verflüssigung voraufgehende Stadium der festen oder elastischen Schwellung so lange, dass man letztere, wenn sie halbkugelig und gut umschrieben ist, mit gummösen oder sarcomatösen Bildungen verwechseln könnte, in anderen Fällen hingegen tritt die Abscessbildung so schnell ein, beherrscht so sehr das Bild, dass man zur Wahrnehmung des Vorstadiums einer elastisch soliden zelligen Neubildung überhaupt nicht gelangt.

Ein solcher vorwiegend eitriger Charakter des aktinomykotischen Processes trifft häufig zusammen mit einem specifisch üblen Geruch der Entzündungsproducte.

In den Fällen dieser Art bleibt auch nach dem Durchbruche die Secretion gewöhnlich profuser, als in denen, welche ein dünnes und blandes Secret liefern.

Ueber die ursächliche Beziehung des Strahlenpilzes zu der Zersetzung des Eiters habe ich mich schon gelegentlich der Epikrise des Falles 23, S. 65 ff., ausgesprochen und darf daher den Leser auf die dort zu findenden Ausführungen verweisen.

Nach und nach bilden sich innerhalb der infiltrirten Zone immer neue zur Abscedirung führende Einschmelzungen, welche mit einander durch subcutane eitergefüllte Gänge communiciren, so dass schliesslich der grösste Theil der verdickten Haut des Rückens, der Lumbargegend, der seitlichen Brustwand unterminirt und nach Durchbruch durchlöchert werden kann. Incidirt man auf eine derart erweichte Stelle, so trifft man nach Trennung der Haut und Entleerung des eitrigen Inhalts ein höchst brüchiges Gewebe von eigenartigem Aussehen. Es ist ein von Strahlenpilzkörnern durchsetztes, gelb und roth gesprenkeltes Granulationsgewebe in verschiedenen Phasen des Zerfalles und der Vereiterung, dessen gelbe Flecke durch Verfettung, dessen rothe durch capilläre Hamorrhagien entstehen, welche, wenn älteren Datums, häufig eine zimmtbraune Farbe bekommen. Dieses Gewebe bricht schon bei leisem Fingerdruck unter auffallend reichlicher Blutung zusammen. Trotz seiner Mürbheit lässt es sich indessen nicht gut mit dem scharfen Löffel ausschaben, weil es sich nicht wie lupöse oder tuberculöse Granulation scharf gegen eine resistente gesunde Umgebung abgrenzt, sondern durch Bindegewebszüge und Blutgefässe, von denen es durchsetzt ist, im Zusammenhange mit den benachbarten Geweben bleibt. Der Uebergang von dem zerfallenden Granulationsgewebe zu den gesunden Theilen ist bei der Aktinomykose oft ein so allmäliger, dass die infiltrirte, aber noch nicht gänzlich zu Granulationsgewebe degenerirte Uebergangsschicht der Entfernung mit dem scharfen Löffel erfolgreichen Widerstand entgegensetzt.

Diese Gewebsdegeneration kriecht nun auf grosse Strecken flächenhaft im Unterhautgewebe hin, sendet vielfach gewundene Ausläufer in das intermusculäre Bindegewebe und verwüstet die Muskeln, während die bedeckende Haut zuerst ödematös wird, dann sich schwartig wie beim Tumor albus verdickt und nur an einigen Stellen, wo die Bildung nach mehr minder reicher Eiterbildung zum Durchbruch tendirt, dünn und bläulich gefärbt wird. Nach dem Durchbruche bleiben Geschwüre zurück, begrenzt von weit unterminirten, verdünnten bläulichen Haut- rändern, welche bald stark absondern, bald durch ihren fast gänzlichen Mangel an Secretion auffallen und dann den scrophu- lösen Geschwüren ähneln, — wie denn überhaupt der Process manche Aehnlichkeit mit den scrophulös-tuberculösen Erkran- kungen der Weichtheile, insbesondere bei dem sog. Tumor albus, bietet.

Was nun die Diagnose in dieser Durchbruchsperiode an- geht, welche dem III. Krankheitsstadium entspricht, so kann sie nach den voraufgehenden Auseinandersetzungen keine grosse Schwierigkeit machen, wenn Secret vorhanden ist; die Unter- suchung desselben wird nicht vergebens auf Aktinomyceskörnchen fahnden lassen, sofern man nur bei Abscedirungen und Fistel- bildungen unbekannten Ursprungs im Bereiche des Thorax und des Rückens sich immer die Möglichkeit einer Aktinomykose gegenwärtig hält. Schon die grob wahrnehmbaren Qualitäten des Abscessinhalts sind häufig durch ihre Eigenart im Stande, unsere Aufmerksamkeit zu erregen und uns zu genauerer Betrachtung zu veranlassen. Hierher gehört als frappanteste Eigenthümlichkeit zunächst der specifische üble Geruch, der indessen durchaus nicht allen Fällen zukommt. Häufiger wird uns die schleimig-rotzige Consistenz des Eiters einen Wink geben, dass wir es mit etwas Besonderem zu thun haben. Ein solcher Eiter ist oft zu zäh, um wirklich zu fliessen, sondern er wälzt sich als ein Klumpen wie ein schleimiges Sputum an dem schräg gehaltenen Eiterbecken entlang. Aber wir wissen, dass auch dieses Verhalten kein constantes ist, vielmehr dass das Secret auch dünnflüssig, mehr trüb serös sein kann. Daher muss man in jedem Falle mit Ueberlegung nach den Pilzen suchen und nicht darauf warten, dass man sie zufällig zu Gesicht bekommt. Man findet dieselben am leichtesten, wenn man das Secret auf einer Glasplatte dünn ausbreitet; dann prominiren die Pilzkörner über das Niveau der Flüssigkeitsschicht und sind ganz leicht zu sehen, wenn man die Glasplatte bei auffallendem Licht gegen einen dunklen Hintergrund betrachtet. Sie sind leicht mit einer Nadel herauszuheben, verändern ihre Form nicht beim Wälzen auf dem Glase und erweisen sich von talgartiger Consistenz beim Zerdrücken zwischen Deckglas und Objectglas.

In dem Grunde des aus der ersten Durchbruchsstelle resultirenden Geschwürs kann man bisweilen nahe dem Rande eine oder mehrere feine Oeffnungen entdecken, aus denen Eitertropfen quellen, und durch welche die Sonde eine Strecke weit in die Tiefe dringt. Ein solches Verhalten erweckt natürlich den Verdacht auf eine intrathoracische Provenienz der Eiterung. Schwieriger ist die Diagnose in dem etwas früheren Stadium, in welchem der Durchbruch sich erst vorbereitet, und eine Anschwellung an der Thoraxwand erscheint, welche zunächst hart ist, später Fluctuation vortäuscht, endlich wirklich fluctuirt. Sitzt diese Anschwellung über einem ausgedehnteren Dämpfungsbereiche des Thorax, sind ferner Erscheinungen einer Pleuritis vorangegangen, so liegt der Irrthum nahe, den Befund auf ein Empyema necessitatis zu deuten, — und diese Verwechselung ist auch mehrfach vorgekommen. — Wie aber schützt man sich vor einer solchen?

Wir haben bereits zwei Momente hervorgehoben, welche im Falle ihres Vorhandenseins sogleich auf die Lunge als den Ausgangspunkt der Affection hinweisen, nämlich erstens die Anwesenheit von specifischen, pilzhaltigen Sputis, zweitens der Nachweis einer Lungenschrumpfung im Bereiche der Dämpfung. Fehlen aber diese beiden werthvollen Fingerzeige, so bleibt als wesentlichstes diagnostisches Hilfsmittel die Probepunction.

Wenn man durch diese den Nachweis führen kann, dass der Dämpfung überhaupt keine Eiteransammlung in der Pleurahöhle zu Grunde liegt, so kann selbstredend die Anschwellung am Thorax nicht als Durchbruch eines Empyems gedeutet werden.

Dieser Ausschluss des Empyems wird nun bei den Fällen, um die es sich hier handelt, fast immer ermöglicht werden. Denn entweder resultirt die Dämpfung am Thorax ausschliesslich aus einer aktinomykotischen Verdichtung der mit der Brustwand verwachsenen Lunge; dann wird man bei der Punction meistens keine Flüssigkeit entleeren, oder bei ganz besonderem Zufalle aus einem etwa angestochenen Hohlraume einige Tropfen pilzhaltigen Eiters, dessen Betrachtung zur Stellung der Diagnose genügen würde. Oder neben der Verdichtung des Lungenparenchyms betheiligt sich noch ein seröser entzündlicher Erguss in dem nicht verwachsenen Theile der Pleurahöhle an der Erzeugung der Dämpfung, dann fördert man eben Serum zu Tage, wenn die Punctionsnadel in die Exsudatschicht gelangt, und kann so das Empyem ausschliessen. ·

Ueber die geringe Wahrscheinlichkeit, bei diesen Processen einen eitrigen Erguss in der Pleurahöhle anzutreffen, ohne dass eine inficirende Punction vorangegangen ist, habe ich mich schon in der Epikrise zu Fall 21 ausgesprochen. Trotzdem kann es vorkommen, dass man mit der Punctionsnadel etwas eitrige Flüssigkeit aspirirt, dann nämlich, wenn die Nadel nicht in die Pleurahöhle, sondern in einen peripleuralen Abscess gelangt ist. Doch wird auch in diesem Falle die Unterscheidung von Empyem meistens möglich sein. Denn die peripleuralen Eiterungen

bei der uns beschäftigenden Krankheit liegen in platten, spalt-
förmigen Höhlräumen von sehr geringer Tiefe, welche der
Punctionsnadel nur minimale Excursionen gestatten, da bei dem
Versuche, das Instrument ein wenig vorzuschieben, die Spitze
sofort in dicke Pleuraschwarte geräth.

Ist somit die Probepunction im Dämpfungsbereiche im Stande,
uns wichtige diagnostische Aufschlüsse zu geben, so lehrt uns
auch die Beobachtung der Geschwulst selbst häufig eine Anzahl
Besonderheiten erkennen, welche einem Empyema necessitatis nicht
zukommen. Unter diesen ist am charakteristischsten die Langsamkeit, mit welcher sich Veränderungen an ihr vollziehen, die
lange Persistenz im Zustande einer elastisch festen Infiltration,
ehe Erweichung, ehe Veränderung der Hautfarbe, ehe Aufbruch
eintritt. Es können Wochen und Monate vergehen zwischen
dem Sichtbarwerden der Anschwellung und dem Durchbruche
des Eiters.

Und scheint nach langem Zuwarten Fluctuation eingetreten
zu sein, so erweist die Probepunction oft das Gefühl als trüge-
risch, — oder es werden nur wenige Tropfen dünner Flüssigkeit, vielleicht mit einem Strahlenpilzrasen entleert. Ist aber
endlich wirklich Abscedirung eingetreten, so erweist die Betrachtung des Eiters entweder leicht die Anwesenheit der Pilze,
oder das Secret hat gar einen putriden Geruch, eine rotzig-
schleimig zähe Consistenz und schliesst dadurch sofort die Provenienz aus einem einfachen Empyem aus.

So wird es meistens gelingen, in diesem Stadium die Diagnose zu stellen, wenn man sich die Möglichkeit gegenwärtig
hält, dass man es mit Aktinomykose zu thun haben könnte,
und wenn man alle die festzustellenden Einzelzüge zu einem
Gesammtbilde combinirt.

Im Anschlusse an die vorstehenden Auseinandersetzungen
sei noch der Möglichkeit eines anderen diagnostischen Miss-
griffes gedacht. Ebenso nämlich, wie es Krankheitsbilder giebt,
welche zu der Annahme eines einfachen Empyems mit seinen
Folgezuständen verführen können, so giebt es andererseits Con-
figurationen, welche kaum den Verdacht einer intrathoracischen
Erkrankung aufkommen lassen, sondern zunächst die Vorstellung

erwecken, als ob man es lediglich mit einer Affection der Brustwand zu thun habe. Diese Schwierigkeit wird dann eintreten,
wenn die Lungendämpfung sich nicht über die Grenzen der am
Thorax vorfindbaren Geschwulst erstreckt und somit nicht entschieden werden kann, ob die Dämpfung sich auf intrathoracische
Veränderungen oder auf die sichtbare Geschwulst der Brust-
wandung bezieht.

Ist in solchem Falle die Geschwulst noch hart und circum-
script, die Haut darüber noch intact, so kann man bei der
langen Stabilität dieses Stadiums daran denken, ob man nicht
einen Gummiknoten oder ein Sarcom der Rippen resp. des
Sternums vor sich hat. Ist die Geschwulst fluctuirend, ist
Oedem der Hautdecken vorhanden, so kann die Vermuthung auf
einen durch Caries erzeugten Abscess gelenkt werden. Bei längerem Zuwarten wird man den vorhergehenden Auseinandersetzungen zufolge durch die Berücksichtigung der Veränderungen,
welchen die Geschwulst bezüglich Consistenz und Inhalts unterliegt, event. mit Hülfe der Probepunction die Diagnose stets stellen
können, aber für den Augenblick ist man auf andere Hülfsmittel zur Klärung des Zustandes angewiesen. Dahin gehört die
sorgfältige Auscultation, die systematische Untersuchung etwa
vorhandener Sputa, so unverfänglich sie auch aussehen, und so
spärlich sie immer sein mögen, ferner die Temperaturmessung
und anamnestische Angaben über etwa vorangegangene entzündliche Affectionen der Thoraxcontenta.

Weitaus am wichtigsten aber für die Erkenntniss des
Krankheitscharakters ist im Falle ihres Vorhandenseins der
Befund metastatisch-aktinomykotischer Herde im subcutanen
und intermusculären Gewebe. Um dieselben indessen nicht zu
übersehen, muss man sich gegenwärtig halten, dass sie bei einer
Anzahl von Fällen in ganz insensibler Weise entstehen können,
so dass man sie suchen muss, um sie zu finden. Sie präsentiren
sich dann als oberflächlich oder tief gelegene, an allen Abschnitten des Körpers gelegentlich zu findende elastische oder
fluctuirende Geschwülste von Kirschen- bis Gänseeigrösse, welche
im Anfang meist indolent, von unveränderter, im Falle bevor-
stehenden Aufbruchs bläulich gefärbter und verdünnter Haut

bedeckt sind. Incidirt man sie, so findet man meist einen zäh eitrigen Inhalt mit Aktinomyces gemischt; bisweilen tritt der eitrig-flüssige Antheil zurück gegen ein weichgallertiges, bräunlich gelbgeflecktes, zerfallendes Granulationsgewebe, in welchem Nester von Strahlenpilzen in Gestalt gelber schmieriger Häufchen eingelagert sind. Manchmal ist der Eiter specifisch putride riechend, entweder in allen metastatischen Herden, oder es finden sich neben einander solche mit blandem und solche mit specifisch zersetztem Inhalt.

Durchaus nicht immer aber ist die Entwicklung der Metastasen eine symptomlose; es giebt Fälle, in denen unter irregulären heftigen Frostanfällen mit hohen Fiebersteigerungen, unter dem Bilde einer protrahirten Pyämie ein metastatischer Abscess nach dem anderen sich bildet. Nach spontaner oder künstlicher Eröffnung desselben versiegt meistens sehr schnell die Absonderung, und das entstandene Geschwür persistirt fast secretlos bei unverändertem Zustande der weithin unterminirten bläulichen verdünnten Hautränder.

Wie diese Metastasen nun das Haut-Muskel- und Knochensystem ergreifen, so können sie auch sämmtliche visceralen Organe befallen; Leber und Darm, Lungen, Herz und Gehirn — alle diese Parenchyme können durch metastatische Ansiedelungen der Pilze mehr weniger verwüstet werden, indem die enzündliche Gewebsreaction um die Eindringlinge entweder in Gestalt einer geschwulstartigen, gallertigweichen Rundzellenproduction mit mehr weniger Eiterung, Verfettung und Zerfall oder in Gestalt ausgedehnter Abscessbildung auftritt. Solche metastatischen Abscesse können schliesslich, an die Oberfläche der Organe gerückt, zu einer eitrigen Entzündung der betreffenden serösen Häute führen und so zum Ausgangspunkt einer tödtlichen Pericarditis, Pleuritis, Peritonitis werden. Gehen aber die Kranken nicht an derartigen acuten intercurrenten Entzündungen zu Grunde, so verfallen sie sicher dem Marasmus, der häufig noch beschleunigt wird durch eine amyloide Degeneration der Unterleibsorgane, mit ausgedehntem Anasarca und serösen Höhlenergüssen. Oft genug aber treten Oedeme bei dieser Krankheit auch ohne zu Grunde liegende Amyloiderkrankung

der Nieren ein, entweder unter dem Einflusse der constant
auftretenden excessiven Anämie und Hydrämie, welche zu einer
durchscheinenden wachsartigen Blässe führt, oder in Folge beein-
trächtigter Herzaction, die aus Pericarditis oder Metastasen im
Herzmuskel resultirt.

Nach allem Voraufgehenden ist es klar, dass diese furcht-
bare Krankheit in allen ihren Stadien durch acute Incidenzfälle
tödtlich werden kann, dass deshalb allgemein gültige Angaben
über ihre Dauer nicht gemacht werden können. Verläuft sie
aber ungestört, dann ist ihr Verlauf ein höchst chronischer, für
dessen Ausdehnung wir bisher nur eine ungefähre Schätzung
haben, da der Beginn des Lungenleidens sich meistens der Erkenntniss entzieht. Wir wissen nur soviel, dass vom Beginne
der Erscheinungen ab, welche auf die Krankheit zu beziehen
sind, bis zum Tode ein Zeitraum liegt, der zwischen 5 und
20 Monaten variiren kann. Wie lange der Process aber in der
Lunge abspielen kann, ehe er gröbere, für den Patienten wahr-
nehmbare Erscheinungen macht, die ihn zum Arzte führen, dass
wissen wir nicht. Zum Glück gewährte uns der Fall 20 einen
Einblick in die ausserordentliche Chronicität der Lungenaffection,
wenn wir uns vergegenwärtigen, dass zwischen dem physicalischen Nachweis einer Lungenverdichtung und dem Erscheinen
des Processes an der Brustwand sieben Monate lagen. Schätzt
man nun an dem Massstabe dieser langsamen Progredienz die
Zeitdauer ab, welche von der ersten Ansiedelung der Pilze in der
Lunge bis zur Ausbildung einer physicalisch nachweisbaren Verdichtung verflossen sein muss, so kommt man zu dem Schlusse,
dass bisweilen wohl 2—3 Jahre vom Beginne bis zum tödtlichen Ende vergehen können.

Zum Schlusse haben wir noch einer Complication zu ge-
denken, welche, zur Lungenaktinomykose sich hinzugesellend, den
typischen Ablauf der Krankheit stören und das tödtliche Ende
beschleunigen kann, nämlich der Fäulnissprocesse. Wenn ein
aktinomykotisch degenerirter Lungenabschnitt der Einwirkung
der gewöhnlichen Fäulnisserreger anheimfällt, dann kann es zu
rapidem septischen Zerfall kommen, mit unmittelbar tödtlichem
Ausgange. So wurde in zweien der oben berichteten Fälle

(No. 20 und 25) der Tod in letzter Instanz herbeigeführt durch gangränösen Zerfall des Lungengewebes, vermittelt durch Fortleitung der Fäulniss von offenen Eiterungen der Brustwand auf die Lunge. Ob es auch durch die Zuführung von Fäulnisserregern mittelst des respiratorischen Luftstroms zur Gangrän aktinomykotisch erkrankter Lungenabschnitte kommen kann, darüber fehlt noch jede Erfahrung. Dass von dieser accidentellen Fäulniss des Parenchyms streng zu scheiden ist die dem Aktinomyces eigenthümliche, wiederholt beobachtete Zersetzung des Eiters, welche niemals zur Gangränescenz der Gewebe führt, möge hier nur noch einmal hervorgehoben werden, nachdem in der Epikrise des Falles 23, S. 66, dieser Punkt ausführlich behandelt worden ist.

Gruppe III. Primäre Aktinomykosen des Intestinaltractus.

a) Oberflächenerkrankungen.

Fall 27 (Chiari).

34jähriger Schmiedegeselle war nach 2jährigem Leiden an progressiver Paralyse unter den Erscheinungen des allgemeinen Marasmus zu Grunde gegangen.

Sectionsbefund: Gangränöser Decubitus der Regio sacralis; beträchtliche Hirnatrophie, circumscripte Tuberculose der Lungenspitzen, wenige bis kreuzergrosse tuberculöse Ulcera im unteren Ileum, Tuberculose der entsprechenden Mesenterialdrüsen, lobuläre Pneumonie beider Unterlappen. Dickdarm stark meteoristisch, an seiner Schleimhautfläche mit Ausnahme seines Anfangstheils mit weisslichen Auflagerungen versehen, welche theils rundliche, theils längliche Plaques bis zu 1 Qcm. Flächeninhalt und 5 Mm. Dicke darstellten. Dieselben sind im Centrum meist hügelig erhaben, öfter mit Sprüngen versehen und durchsetzt von miliaren gelben und braunen Körnchen. Die Plaques sind nur unter Zurückbleiben eines schüsselförmigen Substanzverlustes aus der Mucosa zu entfernen, dessen Grund und Umgebung stärkere Hyperämie zeigt.

Die Consistenz der Einlagerungen derb, aber mit sandigem Gefühle
zerreiblich. Die rechte Hälfte des Querdarms wie besät mit diesen Gebilden; die Schleimhaut im Allgemeinen katarrhalisch afficirt, geröthet, geschwollen, mit zähem Schleim bedeckt.

Die charakteristischen Aktinomyceskörner waren zum Theile verkalkt;
die übrige Masse der Plaques documentirte sich als Pilzrasen, die aus
zahlreichen feinsten bündelartig angeordneten Fäden bestanden und zwischen
sich gequollene, zum Theil verkalkte Darmepithelien und spärliche Keulen
einschlossen. Diese Pilzfäden drangen in die Lieberkühn'schen Drüsen ein
und erfüllten sie ganz dicht.

Weder in der Mund- und Rachenhöhle, noch in dem Inhalte hochgradig cariöser Zähne eine Spur von Aktinomyces zu finden.

Das Verhalten der Pilzstructur ist in diesem Falle ein besonders bemerkenswerthes, insofern neben den bekannten Aktinomyceskörnern ein flächenhaft ausgebreitetes Mycelium von solcher
Massenhaftigkeit beobachtet wurde, dass es bestimmend war für
die makroskopische Physiognomie der erkrankten Schleimhaut-
stellen, welche sich als grosse, dicke erhabene Plaques mit
eingesprengten Strahlenpilzdrusen präsentirten. Dieses Mycelium
entspricht offenbar demjenigen, welches ich zuerst in der Milz
des Falles 23 beobachtet und in meiner ersten Publication über
Aktinomykose beschrieben und abgebildet habe.

Aehnliche Mycelbildungen sind später von Weigert (Fall 21),
von Birch-Hirschfeld (Fall 35) und Zemann (Fall 32) erwähnt worden.

Abgesehen von diesem Verhalten der Pilze liegt die grosse
Bedeutung dieses Falles darin, dass er die einzige bis jetzt
beobachtete, unzweifelhaft primäre, ganz uncomplicirte Darmaktinomykose ist, während die anderen in dieser Gruppe vereinigten Beobachtungen zwar mit einer an Gewissheit grenzenden
Wahrscheinlichkeit als primäre Darmerkrankungen aufzufassen
sind, aber bei dem vorgeschrittenen Zustande der krankhaften
Veränderungen und der bedeutenden Ausdehnung der intraabdo-
minellen Zerstörungen nicht immer einen sicheren anatomischen
Beweis für den Ausgangspunkt vom Darme gestatten.

Des weiteren verdient die Thatsache das grösste Interesse,
dass die Aktinomykose als eine reine, nicht zu tieferen Destruc-
tionen tendirende Oberflächenerkrankung auftreten kann. Wir

finden in diesem Falle eine werthvolle Ergänzung zu der Beobachtung der Bronchoaktinomykosis, deren langjährige Stabilität ohne nachweisbare Progredienz, ohne andere als catarrhalische Erscheinungen als der klinische Ausdruck derartiger nicht destructiver superficieller Schleimhautmykosen betrachtet werden kann, wie wir sie anatomisch durch den Chiari'schen Fall kennen gelernt haben. Bei den vielfachen Berührungspunkten, welche sich uns bei dem Vergleiche der Aktinomykose mit der Tuberculose ergeben haben, liegt es nahe zwischen der superficiellen Aktinomykose und den oberflächlichen Lupusformen eine Parallele zu ziehen.

b) Darmaktinomykosen mit Propagation des Processes auf Peritonaeum und Bauchwand.

Die Mittheilung des nachfolgenden Falles verdanke ich Herrn San.-Rath Dr. Blaschko in Berlin.

Dieser Fall ist die erste Beobachtung einer vom Magen-Darmcanal entstandenen Aktinomykose und wurde bei Lebzeiten des Kranken als solche erkannt.

Fall 28 (Blaschko).

Herr S., Weinhändler, 38 Jahre, erkrankte im Jahre 1878 auf einer Reise angeblich nach dem Genusse von Wurst unter den Erscheinungen einer Febris gastrica mit Appetitlosigkeit, Hitze, Schlaflosigkeit, Schwäche, ohne Diarrhoen. Nach Beseitigung des Fiebers blieben Beschwerden an einer circumscripten Stelle der Regio hypogastrica sinistra zurück. Sechs Monate später wurde eine harte schmerzhafte Geschwulst an eben dieser Stelle bemerkt, welche von verschiedenen Seiten als Carcinom diagnosticirt wurde. Nach wochenlanger Kataplasmirung abscedirte die Geschwulst; der Eiter wurde nicht untersucht. Die Oeffnung schloss sich nicht wieder, secernirte permanent. — Trotzdem konnte Patient nach 3 Monaten wieder seinem Geschäfte nachgehen und wurde corpulent und kräftig. Im Spätsommer 1880 erkrankte Patient plötzlich unter folgenden Erscheinungen: Unter heftigem Fieber traten Schmerzen in den Gelenken ein, Beklemmungen auf der Brust, der Urin wurde roth mit Sedimentum lateritium, so dass das Bild einem acuten Gelenkrheumatismus ähnelte. Diese Anfälle wiederholten sich häufig in ganz intermittirender Weise. Zuerst brachte Chinin scheinbar Linderung, nachher trat bei Jodkaligebrauch ein monate langer Stillstand des Leidens ein. Etwa 5 Monate nach Beginn des ersten Anfalles zeigten sich an den verschiedenen Gelenken der Füsse und der Hände Blutsuggillationen, Verdünnung der Haut und Durchbruch von Eiter,

vermischt mit den charakteristischen Aktinomyceskörnchen, welche mikroskopisch als solche festgestellt wurden. Ebenso constatirte man eine sehr
reichliche Entleerung der specifischem Pilze aus den Fisteln am Abdomen.
Nach einander wurden fast alle Gelenke des Körpers befallen. Nachdem
die Durchbruchsstelle des einen Gelenks sich geschlossen, brachen wieder
andere auf und entleerten unzählige Strahlenpilze. Schliesslich traten auf
dem Thorax Geschwülste auf, welche nach dem Aufbruch Eiter mit Pilzkörnern entleerten; unter zunehmender Brustbeklemmung erlag der Kranke
am 29. April 1881 seinem Leiden. Section wurde nicht gestattet.

Trotz Mangels der Autopsie legt doch die Anamnese mit
überwältigender Wahrscheinlichkeit die Annahme einer Infection
vom Magendarmcanal her nahe. Es scheint dann hier, im Gegensatz zu den folgenden Fällen dieser Gruppe zu einer Verlöthung
zwischen der betroffenen Stelle des Digestionstractus und der
Bauchwand gekommen zu sein, welche eine directe Ueberwanderung der Pilze auf die letztere ohne Entzündung oder
Abscessbildung in der Peritonaealhöhle ermöglichte. Diesem
Umstande ist jedenfalls die bis auf die Persistenz der Bauchfistel
vollständige temporäre Restitution des Kranken zu danken, welche
für zwei Jahre vorhielt. Nachdem so die Affection als ein ganz
locales Leiden ohne Rückwirkung auf den Gesammtorganismus
über 2 Jahre lang bestanden hatte, veränderte sich plötzlich
der Krankheitscharakter, indem es unter der Form intermittirender pyämischer Fieberanfälle mit vorwiegender Betheiligung
der Gelenke zu einer metastatischen Generalisation der Mykose kam.

Mutatis mutandis ähnelt dieser Verlauf in hohem Masse
manchen der in Gruppe II. abgehandelten Fälle: im 1. Stadium
Erkrankung am Orte der primären Pilzansiedlung (Lunge resp.
Magen-Darmtractus), — im zweiten Stadium Uebergreifen des
Processes nach voraufgehender Verwachsung der betreffenden
Serosablätter auf Brust-, resp. Bauchwand; im 3. Stadium metastatische Generalisation. In beiden Fällen imponirt der emi-
nent protrahirte Verlauf der Erkrankung; in Bezug auf die klinische Erscheinungsweise des letzten Stadiums unter dem Bilde
einer chronischen Pyämie steht der Fall am nächsten dem
Falle 23.

Fall 29 (Middeldorpf).

Diestmagd, 32 Jahre, erkrankte Juli 1882 unter peritonitischen Erscheinungen, welche im Herbst recidivirten. Im Anschlusse hieran entwickelte sich rechts eine kindskopfgrosse Geschwulst in der rechten Unterleibsseite, im December links eine ähnliche, kleinere. Beide Geschwülste brachen durch die Bauchdecken auf; links mischte sich späterhin zeitweise Koth dem Fistelsecret bei. Von der rechtsseitigen Abscessöffnung aus führt nach dem Darmbein zu ein Fistelgang, aus dem sich die charakteristischen Aktinomyceskörner entleerten. Seit Juli 1883 entwickelte sich unter heftigen Kreuzschmerzen ein Abscess in der linken Glutaealgegend; August 1883 wurde eine Communication zwischen Darm und Harnwegen constatirt. Die schon bei der Aufnahme der Patientin bestehenden Diarrhoen nahmen immer mehr überhand; zeitweise war Eiter dem Stuhle beigemischt. Exitus am 11. October 1883.

Section; Gangranöser ausgedehnter Decubitus über dem Kreuzbein, von dem aus sich sinuöse Höhlen weit in die Tiefe des kleinen Beckens erstrecken. Von der Geschwürsfläche der Regio hypogastrica dextra erstrecken sich viele eitergefüllte Gänge theils nach dem rauhen Darmbein, theils in das kleine Becken unterhalb und oberhalb der Fascie bis zum Kreuzbein. Von der linksseitigen Geschwürsfläche gelangt man in eine kirschkerngrosse mit einer Dünndarmschlinge fistulös communicirende Höhle.

Hinter der Symphyse liegt ein abgekapselter Abscess, der mit der Harnblase communicirt. In diesen Abscess münden gleichfalls eine Anzahl grösserer sinuöser Eiterherde, welche von einer Perforationsöffnung in der vordern Wand des Mastdarms ausgehen. Letzterer ist allseitig umgeben von derben, schwieligen, bindegewebigen Massen. Durch ebensolche sind alle Organe des kleinen Beckens fest verwachsen wie eingemauert; überall verlaufen in dem Schwielengewebe eitergefüllte Fistelgänge, die sämmtlich mit dem Knochen des Kreuzbeines und der rechten Darmbeinschaufel in Verbindung stehen.

Man kann in diesem Falle mit einer an Gewissheit grenzenden Wahrscheinlichkeit annehmen, dass vom Intestinaltractus her die Invasion des Pilzes erfolgt ist. An zwei Stellen ist eine Perforation des Darmes zu constatiren, einmal an der vorderen Mastdarmwand, sodann an einer Dünndarmschlinge. Erstere ist offenbar als ältester Herd des Leidens aufzufassen, dem entsprechend auch der Mastdarm in ein dickes schwieliges Gewebe eingemauert ist. Von diesem Organe aus verbreitete sich der Process retroperitonaeal nach dem Kreuzbeine, der Darmbeinschaufel und kam an der rechten Regio hypogastrica zum Durch-

bruche. Der isolirte Herd an der linken Bauchseite verdankte
der Erkrankung der Dünndarmschlinge seine Entstehung. Der
Autor hält es für möglich, dass noch von anderen adhärenten
Dünndarmschlingen aus Einwanderungen von Aktinomyces erfolgt seien, obgleich dieselben keine Perforation zeigten.

Fall 30 (Zemann).

Karoline H., 30 Jahre. Aufgenommen 11. October 1882. Gestorben
11. November 1882.

Dreimal entbunden, zuletzt April 1881. Drei Tage danach konnte
Pat. ohne Schmerzen ihrer Arbeit nachgehen. Im Juni starke Schmerzen
in der linken Leistengegend. Nach 8 tägiger Bettruhe Wohlbefinden bis
November 1881. Dann Rückkehr der Schmerzen in der Regio inguinalis
und hypogastrica sinistra und Auftreten einer harten druckempfindlichen
Geschwulst daselbst. Vor 6 Monaten trat an der vorderen Bauchwand zwei
Querfinger breit unter dem Nabel ein haselnussgrosser Knoten auf, der vor
6 Wochen eröffnet wurde und grosse Mengen einer blutig eitrigen Flüssigkeit von sehr üblem, aber nicht faeculentem Geruche entleerte. Aus der
restirenden Fistel constante Entleerung von blutig eitriger Flüssigkeit mit
Aktinomyces. Seit 3 Wochen Diarrhoen.

Status: Haut und Schleimhaut blass, Leib mässig aufgetrieben.
In der linken Regio hypogastrica ein fester vom oberen Rand der Sym-
physe bis zum oberen Darmbeinstachel reichender, etwas druckempfind-
licher Tumor, der mit dem Uterus zusammenzuhängen scheint. Von der
Fistelöffnung unter dem Nabel aus wird die Bauchwand durch mehrere
Gänge in verschiedenen Schichten unterminirt, von denen einer die
Sonde 12 Ctm. weit in der Richtung auf das Darmbein vordringen lässt.
Ueber dem Sphincter ani deutliche Stenose fühlbar. Abwechselnd Stuhlver-
stopfung und häufige Diarrhoen.

Im weiteren Verlaufe gesellen sich Schmerzen der rechten Unterextremität hinzu und häufiges Erbrechen einer grünlichgelben schleimigen
Flüssigkeit.

Sectionsbefund: Verwachsungen aller Baucheingeweide untereinander und mit den Bauchdecken; oberhalb des Nabels durch zarte, unterhalb durch schwielige Pseudomembranen, zwischen denen in Form weit-
verzweigter Buchten sich Lücken finden, die mit einer rotzähnlichen eitrigen,
von Aktinomyces durchsetzten Flüssigkeit erfüllt sind. Diese Höhlen münden in die Fistel der Bauchwand und stehen mit grossen Jaucheheerden
hinter dem Rectum und an der linken Seite des grossen und kleinen Beckens
in Verbindung, welche nach aussen von dem schwielig verdichteten Zell-
gewebe und Periost des Kreuzbeins und linken Darmbeintellers begrenzt
sind. Durchbruch nach der Blase. In der vorderen Wand des Rectum vier
Querfinger breit über dem After eine Lücke; das Rectum verengt, in Schwielen

eingebettet. Propagation der Eiterung längs des linken M. Psoas bis auf seinen Ansatz am Femur. Leber und Milz amyloid.

Magen- und Darmschleimhaut gewulstet, besonders jene des Dickdarms; dieselbe dunkel schiefergrau pigmentirt. Darminhalt mit Schleim untermengt, im untersten Theile des Rectums mit rotzig eitrigen Massen. Nieren speckig derb, von Eiterstreifen durchsetzt.

Der Verfasser neigt zu der Annahme, dass „die ursprüngliche Erkrankung eine chronische Parametritis nach dem Puerperium gewesen sei, welche vielleicht durch Anwachsung irgend einer Darmpartie zu wenn auch unbedeutenden Ulcerationen in der Darmwand führte, wonach dann durch Infection der Process den mykotischen Charakter erhielt". Hiernach wäre die Perforation der Mastdarmwand einem secundärem Durchbruch zuzuschreiben.

Diese Deutung trägt, wie ich glaube, einen etwas gekünstelten Charakter. Denn weder spricht der klinische Verlauf für eine puerperale Parametritis, wenn eine Frau 2 Monate lang nach der Entbindung ganz schmerzlos und arbeitsfähig ist, noch war anatomisch eine Beziehung zwischen Beckenabscessen und einem anderen Darmabschnitte als dem Mastdarme zu constatiren, so wenig wie eine Herderkrankung im gesammten übrigen Darmtractus. Ungezwungener ist meines Erachtens der gesammte Complex der Erscheinungen aus einer primären aktinomykotischen Verschwärung des Mastdarms zu erklären. Auf dieses Organ, als den Ausgangspunkt, führen sämmtliche Höhlenbildungen; die schwielige Einbettung und Stenosirung desselben beweist das hohe Alter seiner Erkrankung, und die retroperitonaeale Entwicklung der grossen Jauchehöhlen hinter dem Rectum und an der linken Seite des Beckens erklärt sich leicht aus der bindegewebigen Anheftung des Organs. Diese Auffassung des Falles als primäre Mastdarmaktinomykose wird nicht unwesentlich gestützt durch Vergleich mit dem Middeldorpf'schen Falle, in welchem der Ausgangspunkt der Erkrankung mit grösster Wahrscheinlichkeit in den Mastdarm verlegt werden kann. In beiden Fällen ulceröse Zerstörung der Mastdarmwand, in beiden mauern dicke Schwielen das Organ ein, beidemale ist es von dieser Stelle aus zu einer Eiterung im Beckenbindegewebe gekommen, welche durch die Bauchdecken hindurch zum Aufbruch kam.

Fall 31 (Zemann).

Rudolph L., 18 Jahre, erkrankte Mai 1882 mit Schmerzen im unteren Theile des Bauches, welcher ganz hart wurde. Juli 1882 Abscedirung im rechten Hypogastrium, Incision, Eiterentleerung. Nach 14 Tagen Spontanaufbruch im linken Hypogastrium. Die Fisteln persistirten, von wallnussgrossen Granulationswucherungen umlagert. Später multiple Fistelbildung unter dem Nabel; Communication sämmtlicher Fistelöffnungen untereinander.

Dabei hochgradige Anämie, kein Fieber, Stuhl und Appetit normal. Im November war der aus der im linken Hypogastrium gelegenen Fistel entleerte Eiter hier und da mit Faeces vermischt.

26. Januar 1883. Aufnahme in das Krankenhaus. 28. März 1883 Exitus.

Section: Grosse Abmagerung und Blässe. In den Lungen einzelne bis erbsengrosse gelbe weiche Knötchen. Leber zeigt am vorderen Rande des rechten Lappens unmittelbar unter der Kapsel eine mehr als mannsfaustgrosse Geschwulst, die auf dem Durchschnitte rundlich ist. Sie besteht aus einem grauweissen, derbfaserigen Netzwerk mit ziemlich dicken Balken, zwischen denen die Buchten und Spalträume von dickem, gelbflockigem Eiter erfüllt waren. Die Wandungen der Hohlräume von einem morschen, aktinomyceshaltigen Gewebe bekleidet. Von der Leber erstreckt sich eine allseitig abgeschlossene Abscesshöhle vor der rechten Niere entlang bis an deren unteres Ende. Blinddarm und Wurmfortsatz normal. Eine Ileumschlinge im linken Hypogastrium mit der Bauchwand verwachsen und perforirt, mit der äusseren Fistelöffnung communicirend. Sonst keine Darmgeschwüre.

Fall 32 (Zemann).

23jähriger Schneider, 13. März 1883 recipirt. Beginn der Krankheit vor $^3/_4$ Jahren mit Krämpfen im Unterleibe und Auftreibung des Bauches ohne Fieber, ohne Erbrechen. Stuhl jeden 2. Tag. Nach zweimonatlicher Pause Wiederbeginn der Krämpfe. Seit 9 Wochen Beugecontractur der Oberschenkel, seit 8 Tagen Abendfieber.

Status: Blasser, magerer Patient. Von der Spina anter. sup. oss. ilei dextri reicht eine Schwellung parallel dem Poupart'schen Bande bis zur Mitte des horizontalen Schambeinastes, nach rückwärts längs des Darmbeinkammes. Consistenz derselben hart. Ueber der Mitte des Lig. Poupartii eine weiche Depression in der Geschwulst, die sich durch Husten vorwölbt und bei Druck ein Quatschen wahrnehmen lässt. 31. März: Incision; Abscessinhalt riecht faecal, ist missfarbig, dünnflüssig. Tod durch Siechthum.

Section: 15. April 1883. Durch die Incisionswunde gelangt man in eine Höhle, die sich vom kleinen Becken bis über den rechten Leberlappen erstreckt und zwischen seitlicher Bauchwand und einem vom Netz überkleideten Dünndarmconvolut verläuft. Im kleinen Becken, untereinander und mit dessen Wandungen und Organen verwachsen liegen die Schlingen des untersten Ileums eingebettet in sulzig, haemorrhagisch eitrig infiltrirte, von Strahlenpilzen durchsetzte Massen. Dieselben umschliessen auch einen Theil des Coecums. — Duodenalschleimhaut dicht schwarz punktirt. Dünndarm gewulstet, seine Schleimhaut schiefergrau. An den verlötheten untersten Ileumschlingen mehrere durch dunkle Pigmentirung und leichte Vorwölbung markirte Stellen. Unterhalb einer derselben in der Submucosa ein kleinerbsengrosses Cavum, erfüllt von actinomyceskörnerhaltiger grauweisser Masse; innerhalb der übrigen je eine hirsekorngrosse Lücke in der Schleimhaut mit unterminirten einschmelzenden Rändern. Ausserhalb dieser Stellen die übrigen Darmschichten in grösserem Umfange zerstört, zernagt, zerfressen, von graugelblichem Gewebe begrenzt, innerhalb dessen die Pilzkörner haften. Am Coecum zwei linsengrosse Substanzverluste der Schleimhaut mit zernagter, bis an die Muscularis reichender Basis. Die Perforationslücken im Ileum durch die den Darm einscheidenden sulzig haemorrhagisch eitrigen Gewebsmassen verschlossen.

Die hinteren unteren Partien beider Lungen dicht durchsetzt von eitrig infiltrirten lobulären Hepatisationsherden.

Fall 33 (Zemann).

50jährige Tagelöhnerin, rec. 23. Juli 1883, litt seit März d. J. an stechenden Schmerzen im Bauche. Derselbe seitdem stets aufgetrieben und empfindlich. Bald nach Beginn Aufbruch in der Nabelgegend, Secretion von wenig, dünnem Eiter.

Status: Starke Abmagerung und Blässe, Leib aufgetrieben, empfindlich, weich; ausser Dämpfung an den abhängigen Partien auch einzelne Dämpfungsbezirke in den höher liegenden Theilen. Neben dem Nabel die genannte Fistel mit lividen Rändern. — Unter fast fieberlosem Dahinsiechen und zeitweisen Diarrhoen Exitus 17. Sept.

Section: Die Lücke in der Nabelgegend communicirt mit fistulösen Gängen und kleinen Abscessen der Bauchwand. Bauchdecken mit Netz und Eingeweiden verwachsen, schwielig degenerirt, von zahlreichen Abscessen und Fistelgängen durchsetzt. Verwachsung aller Bauchcontenta untereinander. Bei Lösung dieser Adhäsionen öffnen sich abgesackte, oft grosse strotzend mit gelbgrünlichem zähem Eiter erfüllte Abscesse. Bauchfell verdickt, trübe, von einzelnen weisslichgelben Knoten bis zu Bohnengrösse besetzt, die auf dem Durchschnitt ein mit Eiter gefülltes Fachwerk zeigen oder blos einen eitergefüllten Hohlraum aufweisen. Ebensolche kleinere Knötchen finden sich in Pseudomembranen eingeschlossen. In der Leber zwei haselnussgrosse Knoten unter der Kapsel, auf dem Durchschnitte fächerig gebaut; der grössere eitererfüllt, der kleinere gelblich hyaline Körner innerhalb des Fachwerks aufweisend. In der ganzen sonst blassen Dünndarmschleimhaut zerstreut, besonders im Jejunum, finden sich erbsengrosse, unregelmässig geformte, schwärzlich pigmentirte Stellen, narbig

glatt, etwas eingesunken. Ueber anderen pigmentirten Stellen erscheint
die Schleimhaut vollständig intact; in den übrigen Schichten jedoch finden
sich dichte Schwielen, die manchmal nach aussen mit Eiterherden zusam-
menhängen. Im unteren Jejunum in einer Schleimhautfalte ein durchschei-
nendes hanfkorngrosses Knötchen. An mehreren Stellen Durchbruch der
Jaucheherde durch die Darmwand. Im kleinen Becken dieselben peritonitischen Verwachsungen und Abscesse zwischen den Organen, wie in der
Bauchhöhle; im linken Ovarium eine wallnussgrosse Geschwulst, auf der
Schnittfläche ein derb fibröses, grauliches Netzwerk darbietend, in dessen
Lücken dicker, eiterähnlicher Inhalt eingeschlossen ist.

Neben den Pilzkörnern waren im Abscesseiter dieses Falles faden-
artige Pilze suspendirt, die in Form eines lockeren Flechtwerks oft ausgedehnte Rasen bildeten. Der Autor konnte keinen Zusammenhang dieser
Rasen mit den Pilzdrusen durch Uebergangsstufen aufweisen. (Wegen
analoger Beobachtungen von mir, Weigert und Chiari vergl. Fall 21,
23 u. 27.)

Pathologie und Diagnostik der Gruppe III: Primäre Akti-
nomykosen des Intestinaltractus.

Die Schlüsse, welche sich aus dem vorliegenden Beobach-
tungsmateriale ziehen lassen, sind noch wenig befriedigend, weil
einerseits die klinische Beobachtung des Krankheitsverlaufs bis
jetzt noch äusserst lückenhaft war, andererseits bei der Section
in der Majorität der Fälle zu vorgeschrittene und complicirte
Zustände gefunden wurden, um sichere Anhaltspunkte über deren
zeitliche Aufeinanderfolge zu gewinnen. Wenn in Folgendem
trotzdem der Versuch gemacht wird das Ergebniss der bisherigen Erfahrungen zusammenzufassen, so geschieht dieses in
der Absicht, die Diagnostik zukünftiger Fälle zu erleichtern und
dadurch mehr Material zur Ausfüllung unserer grossen Lücken
zu gewinnen.

Der Darm kann in dreifacher Weise aktinomykotisch er-
kranken:

erstens primär durch Pilzinvasion vom Darmlumen aus;

zweitens secundär in metastatischer Weise durch mykotische Embolisirung der Darmgefässe;

drittens durch Continuitätspropagation aktinomykotischer Processe der Nachbarschaft auf den Intestinaltractus.

Die metastatische Darmerkrankung bildet eine Theilerscheinung der Fälle von embolisch generalisirter Aktinomykose. Sie stellt sich in ihrer einfachsten Form als eine multiple Herderkrankung des submucösen Gewebes dar. Man findet eine grössere oder kleinere Anzahl stecknadelkopf- bis erbsengrosser halbkugeliger, in das Darmlumen hineinragender Erhabenheiten, welche durch den ganzen Darmtractus verstreut vorkommen können. Sie fallen durch ihre schwarzblaue Farbe in's Auge, welche durch eine hämorrhagische Infarcirung entweder der Submucosa allein oder gemeinsam mit der Mucosa hervorgebracht wird. Im Innern solches hämorrhagischen submucösen Knotens findet sich eine kleine Höhle, welche mit Eiter und Aktinomyceskörnern erfüllt ist. Die weiteren Veränderungen, denen diese Knoten unterliegen können, bestehen in dem Auftreten eines gelben Pünktchens auf dem Scheitel der bedeckenden Schleimhaut und Durchbruch an dieser Stelle unter Bildung eines Ulcus. Auf Basis dieser schleimhautentblössten Stellen kann es dann accidentell zu einer diphtherischen Verschorfung kommen, welche sich über grössere Darmabschnitte ausbreiten kann. —

Bei grosser Ausdehnung und weit vorgeschrittenen Secundärveränderungen dieses Processes kann es selbst schwierig sein, bei der Section zu eruiren, ob man es mit einer primären oder einer metastatischen Affection des Darmes zu thun hat. Massgebend für die embolische Provenienz wird für die makroskopische Betrachtung der Befund von rein submucösen hämorrhagisch infarcirten Knoten sein, über welche sich eine ganz unversehrte Schleimhaut spannt.

Von viel hervorragenderer klinischer Bedeutung sind die primären Aktinomykosen des Darmtractus. Dieselben zerfallen in zwei wesentlich von einander verschiedene Formen, nämlich in nicht destructive Oberflächenerkrankungen der Schleimhaut und in destruirende parenchymatöse fortschreitende Affectionen.

Der Digestionstract verhält sich in dieser Beziehung dem Respirationstract ähnlich, bei welchem die oberflächliche Bronchialaktinomykose von der parenchymatösen Lungenaktinomykose zu scheiden war.

Hier wie dort war die Schleimhautmykose verbunden mit catarrhalischer Absonderung zähen Schleims; ob klinisch manifeste Symptome mit dem Darmleiden verknüpft waren, wissen wir nicht — ebensowenig ob ein Uebergang von dieser Form zur parenchymatösen stattfinden kann.

Bezüglich der anatomischen Veränderungen wissen wir nur, was uns der Chiari'sche Fall (No. 27) lehrt, und mag auf diesen verwiesen werden.

Die parenchymatöse Form der primären Darmaktinomykose ist bisher an den Dünndärmen, dem Coecum, dem Rectum beobachtet worden, und zwar entweder als solitäre Herderkrankung oder in multiplen Herden, stellenweise auch als flächenhaft ausgedehnter Process.   Die frühesten Altersstufen der Affection slellen sich dar als kleine, linsen- bis erbsengrosse Knötchen im submucösen Gewebe, bisweilen auch in der Mucosa selbst.   Ueber den submucösen, in das Darmlumen etwas prominirender Knötchen ist die Schleimhaut dunkel pigmentirt.   Die erweichten Knötchen brechen auf ihrem Scheitelpunkt durch und werden zu Geschwüren mit unterminirten Schleimhauträndern und einer zerfressenen Basis, welche bis zur Muscularis reichen kann.   Wahrscheinlich durch Confluenz dieser Grundformen und peripher fortschreitenden Zerfall der Verschwärungen kann der Darm auf grössere Abschnitte durch alle Schichten hindurch zernagt und zerfressen werden.

In den vorgeschrittenen Stadien können die erkrankten Stellen des Darms Veränderungen unterliegen, welche ihre aktinomykotische Natur nicht ohne weiteres erkennen lassen. Diese Veränderungen bestehen einerseits in Ulceration, anderseits in Vernarbung.   Durch erstere kann es zu Perforationen, z. B. des Mastdarms, kommen, deren mykotische Entstehung nur erkannt werden kann an dem mykotischen Charakter der durch Fortleitung entstandenen Nachbarprocesse.   Noch schwerer wird die Entscheidung, wo man es mit Narben zu thun hat.   Denn der

Befund von Schleimhautnarben im Darm neben sicheren aktinomykotischen Bildungen erlaubt nicht ohne Weiteres die Annahme einer gemeinsamen Aetiologie beider Arten von Veränderungen. So können beispielsweise tuberculöse Processe neben aktinomykotischen vorkommen, geradeso wie wir es bereits bei den einschlägigen Erkrankungen der Lunge kennen gelernt haben.

Dieses vorausgeschickt, hat man zu untersuchen, ob der Befund von erbsengrossen, unregelmässig geformten, dunkel pigmentirten, narbig glatten, eingesunkenen Stellen in einem aktinomykotisch erkrankten Darme auf Ausheilung aktinomykotischer Herde bezogen werden darf. Die Vorbedingung für die Entscheidung dürfte in der Beantwortung der Frage liegen, ob aktinomykotische Herde überhaupt spontan zur Ausheilung gelangen können. Aus unseren bisherigen Erfahrungen sowohl an den Fällen der Gruppe I. wie II. wissen wir, dass aktinomykotische Herde sehr häufig unter Ersatz des pilzhaltigen Granulationsgewebes durch narbig-schrumpfendes Bindegewebe eine sehr weitgehende partielle Spontanheilung zeigen, welche nur darum nicht definitiv wird, weil neben der narbigen Rückbildung ein peripheres Fortschreiten der mykotischen Degeneration erfolgt. Liegen aber die Bedingungen für die Elimination der Pilze so günstig wie im Darme, wo nur eine dünne Mucosa zu durchbrechen ist, wo der Inhalt der geöffneten Abscesse durch Peristaltik ausgedrückt und durch darüber streichenden Darminhalt ausgefegt wird: da kann man wohl erwarten, dass die vernarbende Tendenz des aktinomykotischen Processes zur Ausheilung führen kann. Und thatsächlich wird die Anschauung von der aktinomykotischen Provenienz dieser Narben gestützt durch den Umstand, dass sich im Bereiche einiger der fraglichen pigmentirten Stellen Veränderungen in den tieferen Schichten der Darmwand finden, welche dem aktinomykotischen Processe eigenthümlich sind. Diese Veränderungen bestehen in einer schwieligen Umwandlung, welche wir vielfach als Ausdruck einer sehr chronischen reactiven Entzündung der den aktinomykotischen Herden benachbarten Gewebe angetroffen haben. Es braucht in dieser Beziehung nur an die schwielige Induration

Israël, Aktinomykose.

S

der Kaumuskeln, des Lungenparenchyms, des Zwerchfells, der Pleura erinnert zu werden.

Ist es demnach nicht unwahrscheinlich, dass ein Theil dieser pigmentirten Schleimhautnarben als Residuen ausgeheilter aktinomykotischer Herde aufzufassen ist, so ist für einen anderen Theil die Möglichkeit einer anderen Deutung in Erwägung zu ziehen. Es könnte sich vielleicht um vernarbte einfache Folliculargeschwüre handeln, von denen einige als Locus minoris resistentiae den Strahlenpilzen als Einbruchspforte gedient haben. Diese Vorstellung würde etwas Befriedigendes haben, sofern sie uns verständlich machte, dass anatomisch nachweisbare Läsionen des Darmes als praedisponirende Momente für aktinomykotische Invasion zu betrachten sind.

Dieses Verhalten fände seine Analogie in manchen Beobachtungen von circumscripter Peritonaealtuberculose im Bereiche nicht tuberculöser Darmgeschwüre oder von solchen herrührender Narben.

So lange die Krankheit in dem Stadium einer localisirten Darmaffection sich befindet, wird eine Diagnosestellung nicht möglich sein.

Denn bei einem Theile der Kranken scheint die Darmaffection lange Zeit symptomlos zu verlaufen, bei einem anderen Theile, welcher Störungen der Darmfunctionen zeigt, hängen diese von dem begleitenden Darmcatarrhe ab, welcher sich von Darmcatarrhen aus anderer Ursache durch keine specifischen Eigenthümlichkeiten unterscheiden dürfte. Nur in einem Falle wäre es denkbar, dass in diesem ersten Stadium der localisirten Darmaktinomykose die Diagnose durch Autopsie am Lebenden gestellt werden könnte, nämlich im Falle der Localisation der Mykose im Rectum, wo Spiegeluntersuchung, Ausschabung kleiner Stückchen, eventuell spontane Entleerung kleiner aktinomyceshaltiger Gewebsfetzen den Arzt auf die richtige Fährte bringen könnten.

Diese negativen diagnostischen Eigenschaften theilt die Darmaktinomykose in ihrem ersten Stadium mit der Lungenaktinomykose. Ebenso wie bei der letzteren wird häufig erst die Diagnose ermöglicht werden, wenn die Krankheit die Grenzen des primär ergriffenen Organs überschritten hat, sei es auf dem Wege der Continuitätspropagation, sei es auf dem der Metastasen. Betrachten wir zunächst den erstgenannten Weg, welcher vermuthlich auch zeitlich der Metastasenbildung vorangeht, so ähnelt die Darmaktinomykose auch darin der Lungenaktinomykose, dass die Ausbreitung des Processes jenseits der Grenzen des Locus primae affectionis viel grössere Dimensionen anzunehmen pflegt, als innerhalb des den Ausgangspunkt der Erkrankung bildenden Organs.

Die Fortleitung des Processes vom Darme aus kann zur Erkrankung verschiedener Systeme führen, je nach der Verschiedenheit der afficirten Darmabschnitte in Bezug auf Lage und Anheftung. Danach lassen sich 4 verschiedene Richtungen der Continuitätsausbreitung unterscheiden, welche im gegebenen Falle entweder einzeln oder combinirt vorkommen und zu Krankheitsbildern sehr verschiedener Physiognomie Anlass geben können.

Lag die betroffene Darmschlinge der Bauchwand an, so kommt es nach Verwachsung der Peritonaealblätter zur directen Ueberwanderung des Processes auf die Bauchwand. Liegt die afficirte Darmschlinge so, dass es zu keiner Verwachsung mit der Bauchwand kommen konnte, dann gelangen die Infectionsträger in die Peritonaealhöhle und erzeugen hier abgekapselte Abscesse, welche durch die stets eintretenden Verwachsungen der Bauchcontenta untereinander und mit der Bauchwandung ein Labyrinth von communicirenden Höhlensystemen und Eitergängen darstellen können, deren Wandungen sich, je nach dem Alter der Affection, theils im Zustande eines aktinomycesdurchsetzten Granulationsgewebes, theils einer bindegewebig-schwieligen Verdichtung befinden. Diese intraperitonaealen Eiterherde können nun wieder entweder nach dem Darme oder nach der Harnblase durchbrechen oder sich durch die Bauchdecken hindurch einen Weg bahnen.

Aber auch ohne das Zwischenglied eines intraperitonaealen Abscesses kann bei directer Verwachsung des primär erkrankten Darmes mit einer anderen Darmschlinge oder der Harnblase eine abnorme Communication zwischen den verwachsenen Hohl-

organen zu Stande kommen, indem die aktinomykotische Granulationsbildung von Wand zu Wand übergreift und dann zerfällt.
Als letzter Modus der Continuitätspropagation ist das direct
in das retroperitonaeale Bindegewebe erfolgende Uebergreifen
des Processes zu nennen, welches zu Stande kommt, wenn der
primär erkrankte Darmabschnitt nicht vollständig vom Bauchfell
überkleidet ist, wie das Coecum und das Rectum, und das
Fortschreiten der Affection nach der Seite der bindegewebigen
Anheftung dieser Organe stattfindet. Auf diese Weise können
ausgedehnte retroperitonaeale Beckenabscesse aktinomykotischer
Natur zu Stande kommen, welche die Fossa iliaca ausfüllen,
das Rectum umspülen, zur Seite des Uterus liegen und sich
längs des M. iliopsoas nach dem Oberschenkel senken. Sie
können an jeder Stelle der Bauchwand durchbrechen, indem sie
weite Wanderungen machen. Diese retroperitonaeale Entwicklung kann sich einerseits mit intraperitonaealer Abscessbildung, mit Durchbrüchen in die Därme, in die Harnblase
combiniren, andererseits mit oberflächlich cariöser Erosion der
Beckenknochen und Wirbel, welche von dem aktinomykotischen
Eiter bespült sind. Bei längerem Bestande nehmen die Wände
der Eitergänge und Höhlen eine derbe schwielige Beschaffenheit
durch Bindegewebsneubildung an, welche die in ihrem Bereiche
gelegenen Organe oft in abnormen, durch Verdrängung entstandenen Lagen fixirt.

Welche dieser Richtungen nun auch die Propagation des
Darmleidens genommen haben mag, so kommt es doch schliesslich in der Regel, wenn nicht der Tod eher erfolgt, zu einem
Durchbruche durch die Bauchdecken. Wo der aktinomykotische
Process, ungestört durch Concurrenz septischer Elemente, welche
leicht vom Darme aus eindringen, in seiner Reinheit abläuft,
pflegt sich der Durchbruch mit grosser Langsamkeit zu vollziehen. Wir begegnen auch in diesem Stadium vielfachen Analogien mit der Art und Weise, wie sich die Aktinomykose von
der Lunge aus durch die Brustwandungen an die Oberfläche
hindurcharbeitet. Hier wie dort nehmen wir als charakteristisch
dreierlei Eigenthümlichkeiten wahr. Zunächst verharrt die afficirte Stelle, wo sich der Durchbruch vorbereitet, häufig lange

Zeit im Zustande einer festen oder elastischen Geschwulst, welche monatelang solide bleiben kann, ehe sie sich zur Erweichung oder Abscedirung anschickt. Sodann treten häufig nach einander multiple Abscedirungen oder Durchbrüche an verschiedenen von einander weit entfernten Stellen auf, welche sämmtlich mit einander durch oft gewundene, die Körperwandungen durchsetzende eitergefüllte Gänge communiciren. Als drittes Charakteristicum beobachtet man bei langer Dauer der fistulösen Durchsetzung sowohl an den Brust- wie an den Bauchwandungen eine weitreichende schwartige Verdickung und schwielig-bindegewebige Degeneration aller Gewebsschichten im Umkreise der Eitergänge und Abscesse. Diese charakteristischen Eigenthümlichkeiten des langsamen Verlaufes, der langen Persistenz einer soliden Schwellung, der Neigung zur fistulösen Unterminirung der Bauchdecken, der schwieligen Umwandlung der durchsetzten Bezirke fallen fort, wenn der Durchbruch nicht ausschliessliche Folge der Propagation des aktinomykotischen Processes, sondern einer septischen Entzündung ist, wie sie nach pilzlicher Läsion der Darmwand mit und ohne Kothaustritt sich entwickeln kann. Nach spontaner oder künstlicher Eröffnung entleert sich bald spärliche dünne Flüssigkeit, bald jauchiger Eiter, bald Jauche mit fäcalen und gasigen Beimischungen.

Nicht selten erschöpft sich nach der ersten reichlichen Eiterentleerung bald die Secretion, und es bleiben dann spärlich absondernde Fisteln oder flache, von bläulichen unterminirten Hauträndern begrenzte Geschwüre zurück, mit schlaffen trockenen Granulationen, innerhalb deren bei genauem Suchen hier und da die Oeffnung eines feinen, aus der Tiefe mündenden Fistelganges sichtbar wird.

Unter dem Einflusse dieser chronischen Eiterungen entwickelt sich bisweilen eine amyloide Degeneration der grossen Unterleibsdrüsen.

Während es nun bei einem Theile der Fälle sein Bewenden mit einer der eben geschilderten Formen der Unterleibsaffectionen hat, welche immerhin nur eine, wenn auch bisweilen sehr ausgedehnte Localaffection darstellen, werden doch bei einem anderen Theile der Intestinalaktinomykosen geradeso wie bei den

Lungenaktinomykosen auch entfernte Organe auf metastatischem Wege betheiligt und damit die Krankheitsherde ausserordentlich vervielfältigt.

In erster Reihe ist es natürlich die Leber, welcher aus den Pfortaderwurzeln die Keime zugeführt werden, und meistens beschränken sich auch die Ablagerungen auf die Organe der Bauchhöhle. Aber der von mir publicirte Fall No. 28 beweist, dass die Pilze ebenso in das Aortensystem gelangen und in diesem nach den verschiedensten Körperstellen verschleppt werden können, unter denen die Gelenke die augenfälligsten waren.

Bei der grossen Variabilität der anatomischen Veränderungen ist es einleuchtend, dass ein einheitliches klinisches Bild dieser Gruppe nicht gezeichnet werden kann, um so weniger als die allen Fällen gemeinsame Erkrankung des Intestinaltractus von keinen pathognomonischen Erscheinungen begleitet ist, ehe nicht eine Entleerung der charakterischen Pilzkörner nach aussen in einer oder der anderen Weise stattgefunden hat. Nach den bisherigen unvollständigen Erfahrungen kann die Krankheit klinisch unter folgenden Formen auftreten.

Einmal ist es das Bild eines mit den Bauchdecken verwachsenen Darmtumors, einer palpablen unverschiebbaren Härte, welche durch ihre lange Unveränderlichkeit den Verdacht auf ein Carcinom wachruft, bis in langsamer Aufeinanderfolge Erweichung, Aufbruch und Entleerung von pilzhaltigem Abscessinhalt die Diagnose ermöglichen. Ein anderes Mal findet man einen gashaltigen Abscess im Bauche, mehr minder nahe dem Durchbruche, der uns in Verbindung mit seiner chronischen Entwicklung die Annahme einer ulcerösen Perforation des Darmes nahe legt, ohne über das ätiologische Moment derselben etwas auszusagen.

Eine dritte Reihe von Fällen zeigt alle Erscheinungen einer chronischen Peritonitis mit Auftreibung des Leibes, Unregelmässigkeiten der Darmfunctionen, Erbrechen, geringen Fieberbewegungen, — ein Krankheitsbild, welches man am leichtesten mit einer tuberculösen oder carcinösen Peritonitis verwechseln kann, mit letzterer um so leichter, wenn es gelingt, tumorartige Metastasen in der Leber zu fühlen.

Endlich giebt es Fälle von wesentlich |extraperitonaealen Eiteransammlungen im Becken, welche mit parametritischen Abscessen verwechselt werden können oder den Verdacht erwecken, dass ihnen eine Beckencaries zu Grunde liegen möge, namentlich wenn die Sonde durch eine Fistel auf periostentblössten Knochen gelangt.

Diese verschiedenen Typen kommen mit einander combinirt vor; die chronisch-peritonitischen Erscheinungen können sich zu den drei anderen Formen gesellen, und noch bunter wird das Bild, wenn pathologische Communicationen verschiedener Hohlorgane, z. B. des Darmes mit der Harnblase, eintreten.

Der Verlauf der bisher geschilderten Processe ist durchweg ein höchst chronischer torpider, mit geringer, ja manchmal fehlender Erhöhung der Eigenwärme, ein Process, der sich ohne Dazwischenkunft acuter Incidenzen Jahr und Tag hinziehen kann, ehe er zum tödtlichen Ausgange führt. Dieses Verhalten ist identisch mit demjenigen, das wir in vielen Fällen von primärer Lungenaktinomykose kennen gelernt haben. Aber gerade wie es auch bei letzterer einen von dem gewöhnlichen Verhalten gänzlich abweichenden Verlauf, unter dem Bilde einer protrahirten Pyämie giebt, so treffen wir bisweilen einen ebensolchen bei der Intestinalaktinomykose. Unter irregulären Schüttelfrösten mit hohen intermittensartigen Temperaturen wird successive der Körper mit einer Unzahl aktinomykotischer Emboli überschwemmt, nachdem lange Zeit hindurch ein Krankheitsstadium indolenten torpiden Charakters vorangegangen war.

Bezüglich der Diagnose der Darmactinomykose und ihrer Folgezustände lässt sich bei der Unvollständigkeit der einzelnen Krankenbeobachtungen und der geringen Zahl derselben wenig allgemein zutreffendes sagen. Unter diesen Umständen liegt die wichtigste diagnostisch verwerthbare Consequenz der bisherigen Erfahrungen darin, dass man gelernt hat, stets die Möglichkeit einer aktinomykotischen Darmerkrankung in den Kreis seiner Betrachtungen zu ziehen, wenn man vor ätiologisch dunklen Fällen von chronischer Peritonitis, von Kothabscessen, von Beckenabscessen, von Darmtumoren steht. Es wird dann häufig auf die Differentialdiagnose zwischen Krebs, Tuberculose und

Aktinomykose hinauskommen, und die Möglichkeit, die beiden ersteren, deren Pathologie wir besser kennen, auszuschliessen, wird bisweilen zur Diagnose der letzteren führen können.

Der einzige Weg, ein sicheres diagnostisches Ergebniss vor dem Durchbruch durch Haut, Blase oder den Darm zu erhalten, liegt in der Anwendung der Probepunction und Aspiration, unter der Cautele, nicht zu enge Nadeln zu verwenden, damit die Pilzkörner passiren können. Ein positiver Befund der letzteren ist dann beweisend für die Natur des Processes, — ein negativer beweist aber nichts gegen eine Aktinomykose. Denn einerseits kann die Eiterproduction so reichlich sein, dass sich verhältnissmässig spärliche Pilzrasen in dem Abscessinhalte finden, andererseits kann bei einer aktinomykotischen Integritäts-läsion der Darmwand sehr wohl ein peritonitischer Abscess durch Austritt von Fäulnisserregern ohne Mitwirkung von Strahlenpilzen sich bilden.

In dem Stadium der Betheiligung der Bauchwand an der Affection bietet die Art und der Verlauf des Durchbruches bis-weilen eine Anzahl Kriterien, welche geeignet sind, einen leb-haften Verdacht auf Aktinomykose wachzurufen. Diese Eigen-thümlichkeiten sind ganz ähnlich denen, die wir gelegentlich der Besprechung des Durchbruches der Lungenaktinomykosen durch die Brustwand ausführlich erörtert, und auch in dem Ab-schnitte von den anatomischen Verhältnissen der uns hier be-schäftigenden Unterleibsaktinomykose erwähnt haben. Sie be-stehen in nuce in der erstaunlichen Langsamkeit des Ablaufs der einzelnen Phasen, in der ungemein spät eintretenden Er-weichung der zuerst harten, bisweilen tumorartig erscheinenden Durchbruchstellen, in dem geringen Grade entzündlicher Erschei-nungen an denselben, der Succession verschiedener, oft weit von einander entfernter Aufbrüche, welche durch Gänge innerhalb der Schichten der Bauchwand mit einander communiciren.

Hat man den Charakter des Processes als einen aktinomy-kotischen festgestellt, so handelt es sich immer noch darum, den Ausgangspunkt desselben zu ergründen. Das wird grössten-theils nur vermuthungsweise geschehen können, weil es in vielen Fällen gewiss ein latentes, symptomloses Anfangsstadium der

Pilzansiedelung im Darme giebt. Selbst etwa vorhandene Angaben der Patienten über den Beginn der Krankheit mit Darmstörungen sind nur mit Vorsicht für die Diagnose des Ausgangspunktes vom Darme zu verwerthen, weil es bei der häufig insidiösen Entwicklung aktinomykotischer Primäraffecte immer möglich ist, dass die ersten manifesten Störungen, wie Leibschmerzen, Auftreibung, Anomalien der Darmfunctionen, Erbrechen gar nicht dem Krankheitsbeginne entsprechen, sondern bereits Folgezustände secundärer peritonitischer Processe sind, — ebenso wie bei der Lungenaktinomykose die ersten Klagen so oft erst nach langem latenten Bestande des Primärleidens durch das Auftreten einer secundären Pleuritis bedingt werden.

Somit wird die Diagnose mit Wahrscheinlichkeit nur gestellt werden können, wenn in Folge einer aktinomykotischen Darmperforation Darminhalt in einem Abscesse sich nachweisen lässt. Auch dieser Nachweis giebt keine absolute Sicherheit für die Erkenntniss des Primäraffects, da ja der Darm auch secundär durch den Durchbruch eines peritonitischen Abscesses perforirt sein kann. Ebensowenig giebt der Mangel fäcaler Beimischung zu dem entleerten Eiter die Sicherheit, dass keine Continuitätsläsion des Darms bestehe.

Denn einerseits kann die Communication mit der Oberfläche durch einen langen und gewundenen Fistelgang vermittelt werden, der keinen Darminhalt nach aussen treten lässt, andererseits kann die Darmperforation zu klein sein.

Endlich kommt es vor, dass die Stelle des Substanzverlustes in der Darmwand temporär abgeschlossen ist durch eine Einscheidung des Darmes mittelst eines gallertigen aktinomykotischen Granulationsgewebes. Zerfällt letzteres dann später durch die dem Processe eigenthümliche Necrobiose, dann kann es noch nachträglich zu einem Kothaustritt aus den Fisteln kommen.

Endlich mag nicht verfehlt werden, auf die sorgfältige Untersuchung des Stuhles und des Urins bezüglich Beimischung strahlenpilzhaltiger Eiter- oder Granulationsmassen hinzuweisen.

Gruppe IV. Fälle von Aktinomykose mit unbekannter Eingangspforte.

In dieser Gruppe finden einige ihrer Localisation und klinischen Erscheinungsweise nach sehr verschiedene Krankheitsbilder Platz, deren Gemeinsames in positiver Hinsicht nur in dem Befunde des Strahlenpilzes, in negativer Hinsicht in unserer Unkenntniss ihrer Pathogenese liegt. Es dürfte keinem Zweifel unterliegen, dass mit fortschreitender Erkenntniss die Zahl dieser dunklen Fälle immer spärlicher wird; haben wir doch schon vorstehend gezeigt, dass eine Anzahl der von den Beobachtern in diese Kategorie verwiesenen Krankheitsbilder zwanglos der Gruppe II. eingeordnet werden konnten. Auch für den Rest der hier abzuhandelnden Fälle glaube ich, dieselben durch eine genauere Analyse dem Verständnisse näher bringen zu können. Ist dieses auch nur durch Wahrscheinlichkeitsgründe möglich, welche nicht den Anspruch auf zwingende Beweiskraft erheben, so mag doch der Versuch immerhin von Vortheil sein, weil die jetzt noch hypothetischen Erklärungen vielleicht für manche ähnlich dunkle Fälle in Zukunft als Schlüssel zum Verständnisse dienen können.

Fall 34 (v. Langenbeck).

Sehr abgemagerter Patient, Dämpfung in der unteren Region beider Thoraxhälften. Oben Vesiculärathmen, unter der linken Scapula amphorisches Athmen und Aegophonie. An der linken Seite der Wirbelsäule von dem letzten Dorsal bis zum 3. Lendenwirbel 4 Fistelöffnungen, welche dünnen übelriechenden' Eiter mit reichlichen Aktinomyces entleeren. Bei Sondirung gelangt man nicht auf Knochen. Am 36. Tage der Beobachtung Entwickelung einer linksseitigen Pleuropneumonie unter Schüttelfrost; 8 Tage später Tod an Lungenödem.

Sectionsbefund: Beide Lungen ausgedehnt mit Rippenpleura verwachsen. Links zwischen Lunge und Diaphragma grosse, mit seropurulentem Exsudat gefüllte Höhle. In beiden Lungen alte indurirte Stellen, links frische Hepatisation. Nirgends Tuberkel. Linker Bronchus bildet eine cylindrische Erweiterung; Bronchialschleimhaut dunkel geröthet. Die Fascia praevertebralis ist vom Promontorium bis oberhalb des Diaphragma von den Wirbelkörpern abgehoben und in eine brüchige erweichte Masse verwandelt. Der zwischen Wirbeln und Fascie befindliche Raum mit einem aus Pilzrasen und Eiter bestehenden Brei ausgefüllt. Wirbelkörper wie wurmstichig durch Einnistung von Actinomyces. Im ersten Lendenwirbel eine wallnussgrosse Höhle gefüllt mit Pilzrasen und einem Sequester. Links ist die Eiterhöhle mit der Niere in Berührung und setzt sich bis zu der stark verdickten Pleura fort.

Eine sichere Beantwortung der Frage nach dem Primärsitze der Aktinomykose scheitert an dem Fehlen jeder anamnestischen Angabe und vor allem an der Unvollständigkeit, mit welcher das Sectionsprotocoll die Lungenveränderungen abfertigt.

Aber selbst die vorliegenden beschränkten Angaben geben der Vermuthung eine Stütze, dass der Fall möglicherweise als eine primäre Lungenaktinomykose mit Fortleitung auf das praevertebrale Gewebe aufzufassen sei. Zunächst ist es unverkennbar, dass, abgesehen von der finalen Pneumonie, die intrathoracischen Veränderungen, soweit das Sectionsprotocoll in Verbindung mit den Angaben der Krankengeschichte erkennen lässt, in grob anatomischer Beziehung denen ähneln, welche wir als Folgezustände chronischer Lungenaktinomykose kennen gelernt haben. Hier wie dort nämlich handelt es sich um multiple alte indurirte Herde in den Lungen, und zwar, wie die physicalische Untersuchung lehrt, in deren unteren Abschnitten, — eine Localisation, welche für die Lungenaktinomykose die Regel, für die Lungentuberculose die Ausnahme ist. Wie wir ferner bei manchen Fällen der Gruppe II. constatiren konnten, dass der aktinomykotische Indurationsprocess zur Schrumpfung des Lungenparenchyms und davon abhängig zur Bronchialerweiterung geführt hatte, so liegt es nahe, die in unserem Falle vorfindbare cylindrische Erweiterung des Bronchus auf einen Schrumpfungsvorgang im Bereiche der Indurationen zu beziehen. Endlich bietet auch die starke Betheiligung der Pleura durch ausgedehnte Verwachsung ihrer Blätter eine Analogie mit allen Fällen der Gruppe II. Gesellt sich nun zu diesen vielfältigen Analogien noch die Angabe des Autors, dass von Tuberculose keine Spur zu finden war, so wächst mit dem Ausschlusse einer tuberculösen Aetiologie die Wahrscheinlichkeit einer aktinomykotischen Natur der Lungenaffection. Dass aber die Aktinomykose bei langem Bestande

zu schwielig verdichteten Herden im Lungenparenchym führen
kann, in denen mit blossem Auge keine Strahlenpilze erkannt
werden können, ist sehr wohl vereinbar mit bereits vorhandenen
Erfahrungen.

Lässt man diese Deutungsmöglichkeit der Lungenaffection
zu, dann liegt es nahe, analog den vielen gleichartigen
Beobachtungen der Gruppe II., die Praevertebralphlegmone,
deren oberer linker Recessus unmittelbar die Pleura berührte,
als Product einer Continuitätspropagation von der Lunge
durch die Pleuraverwachsungen in das peripleurale oder praevertebrale Gewebe aufzufassen. Die Annahme des entgegengesetzten Verhältnisses, nämlich einer Priorität der aktinomykotischen Praevertebralaffection und einer secundären Entstehung
der Lungenindurationen hat wenig Wahrscheinlichkeit für sich.
Denn einerseits wird dieser Modus der Propagation durch keine
Analogie unter allen bisherigen Beobachtungen gestützt, während für das primäre Auftreten der Krankheit in der Lunge
und das secundäre Uebergreifen auf Brustwand und Wirbelsäule
vollgültige Beweise vorliegen; andererseits ist es nicht wohl zu
verstehen, wie ein Praevertebralabscess, der die Lunge nur an
einer Stelle berührt, zur Bildung multipler, durch beide Lungen
verstreuter Herde mittelst Continuitätspropagation führen könnte.

Ebensowenig berechtigt der Befund dieser alten Lungenindurationen zu ihrer Auffassung als metastatischer Herde.
Ist vielmehr die Vorstellung richtig, dass die Lungenaffection
eine aktinomykotische war, dann spricht der bindegewebig-
indurirte Zustand der Herde nach unseren bisherigen Erfahrungen
für ein so hohes Alter derselben, dass schon dieser Grund gegen
ihre secundäre Entstehung schwer in die Wagschale fällt.

Auf Grund dieser Erwägungen darf man die Auffassung
als möglich und nicht unwahrscheinlich zulassen, dass in den
Lungen der Primärsitz der Aktinomykose zu suchen war, und
der Unterlappen der linken Lunge den Ausgangspunkt für die
Weiterverbreitung des Processes gebildet hat, der von hier nach
Obliteration der Pleurahöhle in das peripleurale und weiterhin
das praevertebrale Gewebe gewandert und hier zu seiner grössten
Ausbreitung gelangt ist.

Fall 35 (Mosdorf und Birch-Hirschfeld).

Karl Bässler, 21 Jahre. Klagt seit 1880 über Druck im Rücken und Abmagerung. September 1880 acut fieberhafte Erkrankung mit Schüttelfrost, entweder Pneumonie oder Pleuritis, von der er nach 8 Tagen genas. Trotzdem zunehmendes Siechthum; Ostern 1881 wegen Lungenkrankheit untauglich zum Militärdienst befunden.

Status vom 21. September 1881. Die Beschwerden bestehen im Gefühl von Kraftlosigkeit, fortwährendem Hustenreiz, Athemnoth, regelmässigen Nachtschweissen, Frösteln bis zu Schüttelfrösten gesteigert. Haltung etwas nach rechts gebeugt; Macies mit wachsartiger Blässe. Temperatur 39⁰. Puls 120. Am Thorax überall normale physicalische Untersuchungsergebnisse, mit Ausnahme eines bandartigen Streifens quer über die rechte Thoraxseite, an welchem in einer Breite vom 2. bis 4. Brustwirbel quer über das Schulterblatt hinweg, scharf abgegrenzt, absolut leerer Percussionsschall und scharfes Bronchialathmen zu hören war. Starke Empfindlichkeit bei seitlichem Druck auf den Proc. spinosus des 2. Brustwirbels von rechts nach links. Intercostalräume unempfindlich. Auswurf schleimig, weiss.

Diagnose: Abgekapseltes Empyem, wahrscheinlich von Spondylitis am 2. oder 3. Brustwirbel ausgehend.

Verlauf: Mitte Januar zeigte sich rechts zwischen 2., 3. Brustwirbel und innerem Schulterblattrande eine tief fluctuirende Schwellung, eine oberflächlichere links von den Wirbeln am 20. Januar. Incision der ersteren (mit letzterer communicirenden) entleerte viel dicken Eiter von dumpfigem Geruche mit unzähligen Actinomyceskörnern.

Anfangs Februar zwei neue fluctuirende Anschwellungen, eine rechts vom 10. Brustwirbel, eine andere in der rechten Achselhöhle. Am 2. März unter plötzlicher Zunahme des Hustens Auswurf von Massen zähen übelriechenden Eiters mit Actinomyces.

Am 7. März wurde Communication der Rückenabscesse mit der Lunge constatirt, da eingespritzte Carbollösung ausgehustet wurde. Am 10. März Schmerzen und Reibungsgeräusche in der Herzgegend, Steigerung der Pulsfrequenz auf 160. Exitus letalis.

Section 24 h. p. m. Ausser der beschriebenen Incisionswunde am Rücken eine zweite in der Achselhöhle. Vorn rechts im 3. Intercostalraum eine markstückgrosse grünlich verfärbte Stelle, an der die Haut zu Papierdünne reducirt war.

Incisionen in die rechtsseitige Rückenmusculatur legen ein System von subcutanen und intermusculären fistulösen Gängen frei, welche sowohl auf das rechtsseitige subpleurale Gewebe, als auf die rechte Hälfte der Brustwirbelsäule in ihrer ganzen Ausdehnung vordrangen. Die Wirbelkörper daselbst vorwiegend an ihrer rechten Hälfte rauh, porös.

Von den miteinander communicirenden Fistelgängen lässt sich einer von der Axillarincision bis unter die verdünnte Hautstelle im 3. Intercostalraum verfolgen. Daselbst war die Costalpleura perforirt, so dass hier der rechte Pleuraraum durch eine 3 Ctm. breite klaffende Oeffnung mit dem System von Fistelgängen communicirte. Letztere im Bereiche des Rückens von narbigen Wandungen eingeschlossen, enthielten gallertiges Gewebe mit reichlichen Pilzen, die lateral und vorn gelegenen zeigten verjauchten Inhalt und necrotisirende Wandungen, ohne schärfere Abgrenzung gegen die Umgebung. Die rechte Pleurahöhle erfüllt mit stinkenden blutigen Massen, reichlich vermischt mit necrotischen Gewebsmassen und Actinomyces. Auch die Visceralpleura, welche nur über der Spitze mit dem Parietalblatte verlöthet war, des oberen mittleren und unteren Lungenlappens in bedeutender Ausdehnung zerstört und auf diese Weise das gangränös zerfallende Lungengewebe freigelegt. Dieser Zerfall reichte tief in das Gewebe aller Lungenlappen hinein bis zur Freilegung grösserer Bronchien. Ueberall zwischen den gangränösen Geweben die Pilzkörner. Der ungefähr ein Drittel betragende, noch nicht zerfallene Theil der Lunge zeigte auf dem Durchschnitt in kleinen schwieligen Herden und im Lumen von Bronchien eingebettete Aktinomyces.

In der linken Pleurahöhle wenig trübgelbe Flüssigkeit; feiner Fibrinbeschlag auf der Pleura des Unterlappens. In feinen Bronchien der linken Lunge mehrfach Aktinomyceskörnchen. Im Herzbeutel etwas trübe Flüssigkeit, auf dem Pericard ein feiner Fibrinbeschlag. Unter dem Pericardium eine Anzahl hirsekorn- bis kirschengrosser weicher Herde —, eine dichte Ablagerung von Aktinomyceskörnern in graugallertigem Gewebe.

Die obere Hälfte der linken Niere in einen faustgrossen aktinomykotischen Herd verwandelt, im Centrum zähbreiig, peripher aus grauweissem festen Gewebe gebildet.

Die letzten oberen Backzähne an kleinen Stellen cariös. Geringes Oedem des retropharyngealen Gewebes. Halswirbelsäule normal.

Die Herren Verfasser kommen bei der epicritischen Würdigung ihres Falles zu dem Schlusse, „dass als wahrscheinlich ältester Erkrankungsherd eine praevertebrale Phlegmone bestand, welche vorzugsweise die rechte Hälfte der Wirbelsäule betraf, welche dann eine nach rechts hin sich ausbreitende Peripleuritis erzeugte, welche nach Perforation in die rechte Pleurahöhle und nach Durchbruch der Visceralpleura eine jauchige Pleuritis und umfänglichen gangränösen Zerfall der Lunge herbeiführte".

Diese Epikrise erklärt wohl, welchen Einflüssen der gangränöse Zerfall der laut Sectionsbefund gänzlich aktinomykotisch durchsetzten Lunge zuzuschreiben ist, aber sie bleibt vollkommen die Erklärung schuldig, auf welche Weise denn die aktinomykotische Erkrankung des Organs zu Stande gekommen ist.

Denn die Annahme, dass etwa die Strahlenpilze gleichzeitig mit der Sepsis durch den die vordere Brustwand perforirenden peripleuritischen Fistelgang in die Pleurahöhle importirt wären, und von hier aus die Lunge durchwachsen hätten, ist als ausserhalb des Bereiches der Möglichkeit liegend von der Hand zu weisen. Wir finden nämlich in der schwieligen Beschaffenheit der aktinomykotischen Lungenherde den Beweis eines höchst chronischen Charakters der Lungenerkrankung, die viel mehr Zeit zu ihrer Entwicklung gebraucht haben muss, als dem Individuum nach dem Beginne der septischen Pleuritis zu leben vergönnt war. Denn es bedarf kaum eines Hinweises darauf, dass ein jauchiger Pleuraerguss, der deletär genug ist, um die umspülte Lunge in gangränöse Fetzen zerfallen zu lassen, so schnell zu tödtlicher Septicämie führen muss, dass Pilze von der unerhörten Wachsthumsträgheit der Aktinomyces sicher keine Zeit mehr gewinnen, die Lunge zu durchwachsen und gar noch zu chronisch reactiver Bindegewebswucherung zu führen. Wenn somit ersichtlich wird, dass auf diesem Wege die Strahlenpilze nicht in die Lunge gelangt sein können, so bleiben noch drei Möglichkeiten für das Zustandekommen dieses Vorgangs übrig.

1) Erstens könnte nach voraufgegangener Praevertebral-phlegmone die Lunge metastatisch erkrankt sein.

2) Zweitens könnte von einer primären praevertebral-peripleuritischen Phlegmone der Process durch Continuitätspropagation auf die Lunge überwandert sein.

3) Drittens könnte die Ansiedelung der Aktinomyces primär in der Lunge stattgefunden haben, und der Process sich von hier continuirlich auf das peripleurale und praevertebrale Gewebe verbreitet haben.

Die erstgenannte Annahme ist von vornherein von der Hand zu weisen. Denn einer metastatischen Entstehung entspricht weder die absolute Einseitigkeit des Processes, noch die Ausdehnung der Mykose, welche die ganze Lunge durchwuchert hatte. Zudem legt ja die Gleichseitigkeit der Peripleuritis und der Lungenaffection die Vorstellung einer Nachbarbeziehung sehr viel näher.

Wir stehen somit vor der Entscheidung der Alternative, ob die sub 2 oder die sub 3 praecisirte Auffassung des Falles die zutreffende ist.

Die Verfasser sprechen sich gegen die Annahme einer primären Lungenaktinomykose aus, weil die in der Anamnese angegebene acute intrathoracische Erkrankung erst aufgetreten sei, als Abmagerung, Schlaffheit u. s. w. schon Zeugniss für ein längeres Bestehen der Krankheit abgelegt hatten. Ist letzteres auch ohne Zweifel richtig und somit keines Falles die acute mit Schüttelfrost einsetzende Erkrankung als der Beginn der gesammten Krankheit anzusehen, so ist man doch keineswegs berechtigt, daraus ein Argument gegen die Auffassung der Krankheit als primärer Lungenaktinomykose abzuleiten. Denn einerseits hat uns die Erfahrung gelehrt, dass diese Lungenkrankheit sich ganz allmälig insidiös, schleichend entwickeln kann, andererseits, dass gerade im Verlaufe derselben acute intercurrente Krankheitserscheinungen nicht selten auftreten, welche auf eine Pleuritis zu beziehen sind, und zwar dann, wenn sich die aktinomykotischen Herde der Lungenoberfläche nähern und bis an die Visceralpleura vorrücken.

Ist somit dieser Einwand nicht als stichhaltig zuzulassen, lässt sich vielmehr das von den Verfassern beanstandete anamnestische Moment nach Analogie anderer Fälle gerade sehr gut mit der Annahme einer primären Lungenaktinomykose vereinigen, so giebt es ausserdem eine Anzahl positiver Gründe, welche durchaus zu Gunsten der Priorität des Lungenleidens sprechen. Zunächst zeigt das nicht gangränös zerfallene Dritttheil der Lunge ein Bild, das mit der Vorstellung einer Entstehung der Lungenaktinomykose durch Fortleitung von der Brustwand nicht vereinbar ist. Denn wir finden zahlreiche aktinomykotische Herde, theis im Lumen feiner Bronchien, theils im Centrum schwieligdegenerirter Herde des Lungenparenchyms. Eine solche multiple, disseminirte, herdweise auftretende Mykose kann bei Ausschluss embolischer Entstehung nur durch Aspiration von den

Luftwegen zu Stande gekommen sein, wofür auch der Befund der Pilze innerhalb der Bronchien Zeugniss ablegt.

Ein weiteres Argument für die Priorität des Lungenleidens liegt in der Halbseitigkeit der Wirbelaffection, entsprechend der Seite der Lungenerkrankung. Eine primäre Oberflächenerkrankung der Wirbelkörper, die sich in ganzer Ausdehnung der Brustwirbelsäule vorwiegend nur auf eine Seite beschränkt, erscheint mir unverständlich; die Halbseitigkeit findet erst ihre Erklärung in der Arrosion der Wirbel durch einen von der Seite gegen die Wirbel vorrückenden Process, und dieser kann nur gesucht werden in dem Ueberwandern der Aktinomykose von der rechten Lunge auf das den Wirbeln benachbarte peripleurale Gewebe. Ist somit der anatomische Befund der Annahme einer primären Lungenaffection durchaus günstig, so sind auch die Ergebnisse der Anamnese und der Krankenbeobachtung mit ihr in völligem Einklange, während sie sich nicht wohl mit einer primären Praevertebralaktinomykose vereinbaren lassen. Denn dass eine solche vom Jahre 1880 bis Mitte Januar 1882, also ca. 2 Jahre, bestanden haben sollte, ehe sie zu einem eben erst in der Tiefe palpablem Processe führte, das entbehrt doch jeder Analogie paralleler Erfahrungen. Vielmehr ergiebt das Studium der unter Gruppe II. abgehandelten Fälle übereinstimmend, dass wenn die Aktinomykose einmal aus der Lunge in das peripleurale resp. praevertebrale Bindegewebe gelangt ist, der Process daselbst sehr viel schnellere Fortschritte macht, als im Lungenparenchyme selbst. Aber selbst, wenn wir gar keinen anderen Fall zum Vergleiche heranziehen könnten, würde man an der Vorstellung von dem praevertebralen Beginne der Krankheit Anstand nehmen müssen, Anbetrachts der sehr geringen Wahrscheinlichkeit, dass derselbe Process, der in den letzten beiden Monaten eine ganze Summe von weit auseinander liegenden Abscessen und Durchbrüchen zu Wege gebracht, also eine ziemlich erhebliche Propagationsgeschwindigkeit entwickelt hat, volle 2 Jahre gebraucht haben sollte, um den minimalen Weg von der Seite der Wirbel bis zu dem dicht daneben gelegenen ersten Abscesse zurückzulegen. Eine derartige Incongruenz des Verhaltens in den letzten 2 Monaten gegenüber dem in den ersten 2 Jahren muss doch den begründeten Verdacht erwecken, dass wir es nicht von Anfang bis zu Ende mit demselben Processe zu thun gehabt haben. Gegenüber diesen begründeten Bedenken gegen den primären Charakter der Praevertebralphlegmone fällt um so mehr die Thatsache in's Gewicht, dass Patient bereits zu einer Zeit, als von einem praevertebralen oder peripleuralen Processe noch keine Andeutung zu finden war, sowohl von militärärztlicher Seite bei der Untersuchung auf Dienstfähigkeit, als von seinem Hausarzte, als auch von dem Vorstand der Anstalt für Lungenkranke in Reiboldsgrün für lungenleidend erklärt wurde. Noch bei der Entlassung aus dieser Anstalt am 30. Juli 1881 konnten laut gütiger Mittheilung des Directors derselben keinerlei Spuren einer Pleuritis oder Peripleuritis nachgewiesen werden, während schon 7 Wochen später von Herrn Moosdorf die im Status beschriebene auffällige bandartige Dämpfung am Rücken constatirt wurde. Somit begegnen wir erst nach ca. 1 $\frac{1}{2}$ jähriger Krankheitsdauer in dieser Dämpfung dem ersten objectiven Symptome einer Peripleuritis.

Ueberblicken wir den Gang unserer Untersuchung, so finden wir, dass der anatomische Befund multipler schwieliger, zum Theil in den Bronchien gelegener Herde für eine primäre Lungenaktinomykose, die Halbseitigkeit der Wirbelaffection gegen eine primäre Praevertebralphlegmone sprach; dass die chronische Entwicklung, der lange Verlauf ohne objective Localsymptome, die Intercurrenz einer acuten Pleuritis, das späte Uebergreifen auf die Brustwand völlig harmonirten mit den Eigenthümlichkeiten einer Lungenaktinomykose, nicht aber mit dem viel activeren Verhalten einer Aktinomykose, die von Anfang an im praevertebralen Bindegewebe sich entwickelt hätte; dass endlich der Patient Seitens dreier ärztlicher Untersucher für lungenkrank gehalten wurde, ehe irgend eine Erscheinung auf die Existenz einer praevertebralen oder peripleuralen Erkrankung hinwies.

Wenn wir demzufolge nicht Anstand nehmen, den Primärsitz der Krankheit in die Lunge zu verlegen und die Peripleuritis nebst der sich anschliessenden Wirbelaffection als das Product der Ueberwanderung der Pilze von der Lunge auf die

Brustwand zu erklären, so haben wir schliesslich die Frage zu beantworten, auf welchem Wege die Ueberwanderung stattgefunden hat. Der Weg konnte ein zweifacher sein: entweder fand, wie in den übrigen Fällen, an einer Stelle directe Ver-wachsung zwischen Lunge und Brustwand statt und bildete die Brücke für die Continuitätspropagation, oder es kam nach Durchbruch durch die Lunge zu einem abgekapselten Empyem, von dem aus die Weiterverbreitung auf das peripleurale Gewebe erfolgte. Als ein solches abgekapseltes Empyem wurde von Herrn Moosdorf die bandartige Dämpfung gedeutet, während die Section eine Peripleuritis nachwies; von den Pleuraverwachsungen aber, welche in jedem Falle bestanden haben müssen, gleichviel, ob die Dämpfung einem abgesackten Empyem oder einer Peripleuritis entsprach, wird nichts erwähnt. Die Erklärung für diese scheinbar befremdliche Thatsache liegt offenbar in dem gangränösen Zerfalle und der fetzigen Abstossung der peripheren Schicht des Lungenparenchyms, durch welchen Vorgang naturgemäss vordem vorhandene Verbindungen mit der Brustwand gelöst werden mussten.

Nach allen diesen Erwägungen bedarf es keiner weiteren Begründung, wenn wir in dem chronischen „blütchenartigen" Gesichtsausschlage des Patienten, dem die Verfasser einen ätiologischen Werth beilegen, keinerlei Beziehung zur Aktinomykose zu erblicken vermögen.

Fall 36 (Ponfick).

Frau Deutschmann, 45 Jahre. Drei Jahre vor dem Tode Schnittverletzung am rechten Daumen, welcher eine Anschwellung der Finger und des rechten Armes folgte.

Nach mehreren Wochen spontane Eiterentleerung aus der Schnittstelle, Wiederherstellung der Function, aber zeitweise Wiederkehr von Schmerzen im Arme bei sonst leidlichem Wohlbefinden.

2 Jahre und 5 Monate später Rückenschmerz, 1 Monat später vorübergehende Schwellung der Interscapulargegend.

Ca. 1 Monat a. m. zeigten sich an der linken Seite des Halses zwei Geschwülste, von denen die eine aufbrach. Erst 14 Tage vor dem Tode begann Husten und dauernde Bettlägerigkeit.

Anatomischer Befund: Ausgedehnte Fistelgänge im Jugulum, der linken Halsgegend und im praevertebralen Gewebe mit knopfförmigem Vorwuchern der Neubildung in das Lumen der Vena jugul. int. Apfelgrosser

Tumor im rechten Vorhof und Ventrikel; Herde im Myocard. Pericarditis. Zahlreiche, theils frischere, theils erweichte Herde in beiden Lungen. Serofibrinöse Pleuritis beiderseits, Frische hämorrhagische Infarcte des rechten Unterlappens. Aktinomykotische Tumormetastasen in der Milz und im Gehirn.

Der Autor ist geneigt, die Fingerverletzung für die Eingangspforte der Pilzinvasion zu halten und die cervicale Affection als Consequenz einer Fortleitung der am Arme heraufziehenden Infiltration zu betrachten. Der Berechtigung dieser Anschauung scheinen mir einige erhebliche Bedenken entgegenzustehen. Denn erstens hat die Phlegmone der Oberextremität schon nach wenigen Wochen zur Spontanheilung und Restitutio ad integrum geführt, — ein Verhalten, das in Bezug auf Endresultat und zeitlichen Verlauf von dem aller anderen bis jetzt bekannten aktinomykotischen Entzündungen abweicht. Zweitens hat sich in dem ganzen beinahe dreijährigen Zeitraum zwischen der Heilung der Phlegmone und dem Tode der Zustand des Arms unverändert intact gehalten, ohne Recidive, ohne Fistelaufbrüche, ohne bindegewebige Induration und narbige Schrumpfung, kurz ohne irgend eine der charakteristischen Erscheinungen, welche zu dem Verdachte auf eine aktinomykotische Natur der Entzündung hätten Veranlassung geben können. Drittens ist die Affection am Halse streng auf der linken Seite localisirt, während die Verletzung die rechte Hand betraf, und die Entzündung sich laut Anamnese nicht über den Bereich des rechten Armes hinaus erstreckte. Ebensowenig konnten durch die Section die geringsten Spuren eines Weges aufgedeckt werden, auf welchem etwa eine Aktinomykose vom rechten Arme nach der linken Seite des Halses gewandert wäre. Auch eine Verschleppung von Pilzkeimen auf dem Lymphwege ist nicht vereinbar mit den anatomischen Beziehungen der beiden in Rede stehenden Localitäten.

Wenn wir demnach zwischen der Verletzung am Daumen und der aktinomykotischen Erkrankung keine Beziehung erkennen können, so fragt sich, wo nun das Atrium morbi zu suchen sei? Bei vergleichender Abwägung des Alters der verschiedenen Localisationen und der Lage des vermuthlich ältesten Erkrankungsbezirks, halte ich die Deutung für möglich und wahrscheinlich, dass die Einwanderung der Pilze vom Schlunde her erfolgt ist. Zunächst lässt sich zweifellos darthun, dass den aktinomykotischen Verwüstungen am Halse ein höheres Alter zukommt, als irgend einer anderen Localisation der Krankheit. Für den Vergleich mit den sich ihnen continuirlich anschliessenden Praevertebralherden geht dieses Verhältniss aus histologischen Unterschieden hervor. Denn im Gegensatze zu letzteren, welche von zellenreichem, saftigem, gefässreichem Granulationsgewebe ausgekleidet werden, sind die Gänge am Halse aus einem dichteren strafferen, gefässärmeren, unverhältnissmässig stark pigmentirten Gewebe zusammengesetzt, — eine Differenz, welche nach den an anderen Fällen gewonnenen Erfahrungen einem höheren Alter zukommt. Für die übrigen Localisationen der Krankheit liegt es erst recht auf der Hand, dass sie jünger sein müssen, als die Affection am Halse, da ja letztere nachweisbar zur Entstehung der ersteren geführt hat. Denn chronologisch können sich zweifellos die Dinge nur so entwickelt haben, dass die Affection am Halse zu einer Umwucherung der Vena jugularis führte, welche die Venenwand durchwuchs; dann folgte die Transportation des infectiösen Materials in die Höhle des Herzens, das Wurzelschlagen desselben am Endocardium, das Heranwachsen zu dem apfelgrossen Tumor, die Durchwachsung des Herzfleisches, der Durchbruch durch das Epicardium, die Entwicklung der sulzig-gallertigen Pericarditis. Nach dieser Auffassung würden die Herde in Lungen, Milz, Gehirn als metastatische aufzufassen sein, und zwar die ersteren als die ältesten.

Führt demnach der anatomische Befund zu dem Schlusse, in der Affection am Halse die primäre Localisation der Krankheit zu sehen, so führt die Lage derselben auf den Schlund als Invasionspforte der Pilze. Denn die aktinomykotischen Gänge reichen mit blindem Ende nach oben bis dicht an den Schlundkopf, woselbst sie eben noch die Grenze des Constrictor pharyngis streifen.

Dass im Pharynx selbst keine auffällige Veränderung gefunden wurde, kann nicht gegen die eben entwickelte Auffassung sprechen, denn es ist bekannt, dass durch schnell und spurlos verheilende Läsionen Infectionsträger eindringen können,

um erst an den für ihre Entwicklung geeigneten Stellen mehr
weniger fern von der Invasionspforte ihre Wirksamkeit zu ent-
falten. Die ganze Reihe der in Gruppe I. zusammengefassten
Beobachtungen liefert dafür den Beweis; insbesondere verweise
ich auf Fall 11.*)

Fall 37 (Ponfick).

Frau Conrad, 61 Jahre. Ungefähr 1 Jahr a. m. acutes Auftreten einer
circumscripten Anschwellung der rechten Unterleibsgegend unter hohem
Fieber und sehr heftigen Schmerzen.   Nach einigen Wochen Incision des
dem Durchbruche nahen Abscesses.   2 Monate a. m. Entwicklung eines
Abscesses in der linken Fossa iliaca.   Incision, Entleerung stinkenden
Eiters. Embolie der Lungenarterie, Tod.

Anatomischer Befund: Bauchfell in der rechten Unterbauchgegend nächst dem Coecum grünlich-gelb verfärbt, theils durch flockige
Auflagerungen, theils durch einen dicht darunter gelegenen Eiterherd. Daselbst Verwachsung des Coecum, des Colon ascendens und des Fundus uteri
mit dem Peritonaealüberzug der Fossa iliaca durch zahlreiche Fäden und
Stränge. Das Coecum liegt unmittelbar dem Abscesse an. Derselbe füllt
die Fossa iliaca aus, schickt verschiedene Ausläufer auf den Darmbeinkamm und medianwärts nach der Wirbelsäule, woselbst vom 3. Lenden-
bis 1. Kreuzbeinwirbel ein praevertebraler Abscess mit oberflächlicher Arrosion der Wirbelkörper sich findet. Letzterer communicirt nach links mit
einem grossen Abscesse der Fossa iliaca. Intestinaltractus frei; eine Reihe
Zähne cariös.

---

*) Den Beweis für das Vorkommen einer Durchwanderung des Pha-
rynx ohne nachweisbare Spuren von Ulceration oder Verletzung erbringt der
folgende Fall meiner Beobachtung. Ein 20jähriger Mann erkrankt an einer
auf die rechte Seite beschränkten Angina mit starken Schluckbeschwerden,
ohne Abscedirung in der Mandel, ohne Ulceration. Als nach einigen Tagen
vollständige Restitution eingetreten war, bildete sich langsam eine Schwer-
beweglichkeit des Halses aus, der Kopf neigte sich immer mehr auf die
rechte Schulter, die Schluckbeschwerden erneuerten sich, remittirendes
Fieber trat ein. Undeutliche, sehr tief liegende Fluctuation unter M. sterno-
cleido mastoideus. Incision längs des hinteren Randes dieses Muskels führt
in grosser Tiefe auf eine mit riechendem Eiter gefüllte Höhle, welche bis
zur Schlundwand reicht, so dass der vom Munde palpirende Finger von
einer auf den Grund des Abscesses geführten Sonde nur durch die dünne
Membran getrennt ist. Die sorgfältigste Inspection des Schlundes lässt
keinerlei Erosion oder Ulceration erkennen, sondern nur eine leichte ödematöse Schwellung seiner rechten Seite, die Tags nach der Abscesseröffnung
verschwunden war.

Der Autor fasst den prävertebralen Herd als den Ausgangspunkt der Erkrankung, die Iliacalabscesse als Senkungen auf. Ein Beweis für diese Anschauung ist nicht beigebracht. Anstatt sich aber mit der unbewiesenen und schwer verständlichen Vorstellung einer primären aktinomykotischen Praevertebralphlegmone zu begnügen, ist man wohl berechtigt, eine leichter verständliche Deutung des Falles zu versuchen, sobald dieselbe mit den Thatsachen zum mindesten nicht weniger übereinstimmt als die Auffassung des Autors.

Die Krankheit begann laut Anamnese in ganz acuter hochfieberhafter Weise unter lebhaften Schmerzen mit der Entstehung des Abscesses in der Fossa iliaca dextra, der schon nach wenigen Wochen zum Durchbruch reif war.

Dieser Symptomencomplex entspricht einer höchst acuten Abscessbildung, nicht aber einer Senkung, die ihren Ursprung von einer ganz symptomlos entwickelten aktinomykotischen Wirbelcaries genommen haben sollte. Denn keinerlei Krankheitssymptom ging dem acuten unvermittelten Einsetzen des Iliacalabscesses vorauf. Die Anamnese ist somit der Annahme einer primären Wirbelaffection nicht günstig, sondern weist im Gegentheil auf die Priorität des Abscesses der Fossa iliaca dextra.

Was lehrt bezüglich dieses Prioritätsverhältnisses die Beobachtung der Kranken?

Sieben Monate nach dem Krankheitsbeginn kam die Kranke in die Hospitalbeobachtung. Trotz wiederholt vorgenommener operativer Eingriffe und Explorationen unter Chloroformnarcose konnte von dem Vorhandensein des Abscesses der linksseitigen Fossa iliaca in den ersten 3 Monaten des Hospitalaufenthalts nichts wahrgenommen werden. Erst 10 Monate nach dem Entstehen des rechtsseitigen Abscesses beginnt merkbar die Entwicklung des linksseitigen. Wenn man nun mit dem Autor das Centrum der Erkrankung in die Wirbel verlegte, so käme man zu der höchst unwahrscheinlichen Consequenz, dass ein Process sich nach der einen Körperhälfte mit entschiedenster Acuität entwickeln und abspielen kann, während er sich auf der anderen Seite wie ein ganz torpider chronischer verhält, der 10 Monate braucht, ehe es zu einer wahrnehmbaren Propagation in seine unmittelbare Nachbarschaft kommt. Demnach macht ebensowenig das Ergebniss der Beobachtung wie der Anamnese die Annahme einer primären Wirbelaffection besonders wahrscheinlich.

Prüfen wir nun das Sectionsresultat, so ergiebt dasselbe nicht nur keinen Anhaltspunkt für die Auffassung der Wirbelkrankheit als des ältesten Herdes, sondern eher das Gegentheil. Denn von einer aktinomykotischen Wirbelaffection, die viel älter als ein Jahr sein müsste, wenn sie schon vor Jahresfrist einen grossen Senkungsabscess producirt haben soll, muss man doch nach allen Erfahrungen über Aktinomykose ganz anders geartete Veränderungen erwarten, als wir in diesem Falle antreffen. Die ganzen Veränderungen beschränken sich hier auf oberflächliche Erosionen der Vorderflächen der Wirbelkörper, Erosionen, die sich in nichts unterscheiden von den oberflächlichen Knochenarrosionen, denen wir vielfältig da begegnet sind, wo eine aktinomykotische Eiterung im Laufe ihrer Ausbreitung an einer Knochenoberfläche entlang kriechen musste, und wie solche sich ebenso in diesem Falle an dem oberen Rande der rechten Darmbeinschaufel in dem Bereiche secundärer fistulöser Ausläufer finden, die von dem Abscesse der Fossa iliaca ausgehen. Dagegen vermissen wir in diesem Falle alle die charakteristischen reactiven Veränderungen des Knochens in Gestalt von Sclerose und stalactitenförmigen Exostosen, denen man in allen den Fällen begegnet, wo die Wirbelkörperoberfläche so lange der Wirksamkeit der Strahlenpilze ausgesetzt war, wie in diesem Falle supponirt werden müsste, wenn der Ausgang des Processes thatsächlich in einer primären Aktinomykose des Praevertebralraumes zu suchen wäre. Nach allen diesen Erwägungen spricht die Analyse der Anamnese, der Krankenbeobachtung und der Autopsie, für die Wahrscheinlichkeit, dass die Entwicklung des Processes in der rechten Fossa iliaca den übrigen Localisationen vorangegangen ist, dergestalt, dass der Abscess einen Ausläufer gerade wie nach dem Darmbeinkamme, so nach dem Praevertebralraume oberhalb des Promontoriums schickte. Hier kroch der Process über die unteren Lendenwirbel unter Arrosion ihrer Oberfläche hinweg und wanderte linkerseits wieder in die Fossa iliaca hinab. Auf

welche Weise soll man sich nun das Zustandekommen des aktinomykotischen Abscesses der rechten Unterbauchgegend erklären?

Wenn wir die Veränderungen der Regio coecalis betrachten,
so fällt uns vor allem die enge Beziehung des Coecums zur
Wand der Abscesshöhle in die Augen. Dieser Darmtheil ist
etwas aus seiner Lage verzerrt, mit der Abscesswand derart
verwachsen, dass man unmittelbar hinter der Verwachsung auf
den Eiter stösst. Ausser dieser Verwachsung zeigen noch zahlreiche Fäden und Stränge, welche Coecum, Colon ascendens und
Fundus uteri an den Peritonaealüberzug der Fossa iliaca heften,
dass in dieser Gegend früher eine circumscripte Peritonitis ab-
gespielt habe, während über dem Abscesse auf der linken Seite
keinerlei derartige Spuren zu finden sind. Diese Configuration
legt um so mehr die Vermuthung nahe, dass der Ausgangspunkt der peritonitischen Veränderungen nicht der Iliacalabscess,
sondern das Coecum gewesen sei, dass es sich also um eine
Perityphlitis gehandelt habe, als auf der linken Seite keinerlei
Spuren von Peritonitis zu finden sind, trotzdem die linksseitige
Abscesshöhle dem bedeckenden Bauchfelle bedeutend näher
kommt als die rechtsseitige.

Wenn wir das Resultat dieser Betrachtung combiniren mit
der Frage nach der Herkunft des rechtsseitigen Iliacalabscesses,
so kommen wir zu der Vorstellung, dass der Primärprocess
eine perityphlitische Entzündung gewesen ist, die zu einer Verwachsung des Coecum mit dem Peritonaealüberzuge der Fossa
iliaca und zur Ueberwanderung der Aktinomyces aus dem Darme
in das retroperitonaeale Gewebe der Darmbeingrube geführt hat,
woselbst es zur Abscedirung und Propagation in den Prae-
vertebralraum und von dort in die linke Darmbeingrube kam.
Somit würden wir die Eingangspforte des Strahlenpilzes in den
Darm verlegen. So plausibel diese Hypothese ist, so fehlt ihr
doch als wichtigste Stütze der Nachweis einer Ulceration oder
Narbe im Darme. Leider findet sich im Sectionsprotocoll keine
Angabe darüber, ob der Processus vermiformis speciell untersucht worden ist. Zudem ist zu berücksichtigen, dass nirgends
leichter als am Darme die Anwesenheit einer unbedeutenden
Narbe, des Residuums eines Folliculärgeschwüres übersehen werden

kann, wenn man nicht schon mit dem ausgesprochenen Verdachte auf solchen Fund das Präparat durchmustert. Andererseits kann ich durch eigene Beobachtung den sicheren Beweis beibringen, dass Darmulcerationen resp. Perforationen ganz spurlos verheilen können, trotzdem eine dadurch zu Stande gekommene Extravasation von Darminhalt zu einer schweren tödtlichen Retroperitonaealphlegmone Anlass gab*).

Fall 38 (Zemann).

Ottilie M., 40 Jahre, erkrankt 14 Tage vor der Aufnahme mit Magenschmerzen, Fieber, Diarrhoe, galligem Erbrechen. Magen stark ausgedehnt, Bauch aufgetrieben; Leber und Milz normal. Temperatur 38,8. Der Zustand verändert sich nicht, bis am 20. Tage nach der Aufnahme meningitische Erscheinungen auftreten, die nach 4 Tagen zum Tode führen.

Section: Magen stark ausgedehnt, im Fundus erweicht, Darm normal. Einzelne der unteren Darmschlingen durch verzweigte, in ihr Gekröse greifende Schwielen mit der rechten Tuba verwachsen, welche in einen fingerdicken, eitergefüllten, mit aktinomyceshaltigem Granulationsgewebe ausgekleideten Sack verwandelt ist. Ihr Uterinende schwielig verödet. Eitrig-jauchige Meningitis, multiple metastatische Abscesse im Gehirn und Lungen; ein gänseeigrosser Abscess in der Leber. In den Metastasen wurde kein Strahlenpilz gefunden.

Der Herr Verfasser ventilirt drei Möglichkeiten der Entstehung der Tubenaktinomykose: entweder ist der Pilz von der Vagina aus durch den Genitalcanal bis in die Tube gewandert, oder die Aktinomyceskeime sind auf dem Wege der Blutbahn nach Aufnahme durch die Mundhöhle in die Tube gelangt, oder die Infection der letzteren ist von dem in grosser Ausdehnung

---

*) Eine ca. 60jährige Dame hatte vor einigen Jahren an einem als Perityphlitis gedeuteten Krankheitsanfall gelitten, von dem sie genesen war. Jetzt war sie unter ähnlichen Erscheinungen erkrankt. Als sie in meine Behandlung kam, fand ich einen enormen retroperitonaealen Abscess, der rechterseits die ganze Lumbargegend und die Fossa iliaca einnahm. Die Incision entleerte scheusslich stinkende, aber nicht faecale Jauche. Patientin ging pyämisch zu Grunde. Bei der Autopsie fand sich im Grunde der Abscesshöhle ein trocknes, zerreibliches Faecalstückchen. Der Processus vermiformis war mit seiner Spitze der Wand der Jauchehöhle fest angewachsen. Die genaueste Inspection seiner Schleimhaut, sowie die des übrigen Darms, insbesondere des Coecums und Colon ascendens zeigte keinerlei Narben- oder Geschwürsbildung.

angewachsenen Darme erfolgt. Der Herr Verfasser entscheidet sich für die erste der drei Möglichkeiten durch Ausschluss der anderen beiden.

Die Frage nach der Pathogenese der Tubenaktinomykose wird eine offene bleiben, so lange die Beobachtungen sich nicht mehren. Aber es ist vielleicht nicht überflüssig, einige Betrachtungen an diesen Einzelfall anzuknüpfen.

Die Annahme einer Einwanderung des Pilzes durch die Vagina in eine Tube basirt zunächst ausschliesslich auf dem Vorhandensein eines continuirlichen Canals, der sich durch das Genitalsystem erstreckt. Dass von aussen importirte Zellen diesen Canal durchwandern können, unterliegt keinem Zweifel; sowohl die Tubenschwangerschaften, wie die gonorrhoischen Catarrhe, wie septische Entzündungen liefern den Beweis. Diese Beispiele zeigen auch gleichzeitig die Bedingungen, die für das Hineingelangen zelliger Elemente in die Tube erforderlich sind. Da nämlich aspirirende Kräfte fehlen, da sowohl die Flimmerbewegung wie die Muskelaction von Eileitern und Gebärmutter in centrifugaler, expulsiver Richtung wirken, so müssen die eindringenden Zellen entweder lebhafte Eigenbewegungen haben, wie die Spermatozoen, oder die Keime müssen durch fortgesetzte Proliferation vom Orte der Infection aus sich allmälig durch den ganzen Genitaltract bis zur Tube verbreiten, wie bei gonorrhoischer oder septischer Entzündung. In letzteren Fällen erstrecken sich die durch die Proliferation der Pilze erzeugten pathologischen Veränderungen nachweisbar von dem Orte der Invasion bis zur Tube. Sehen wir zu wie weit diese Bedingungen für die Aktinomykose der Tube erfüllt sind.

Von einer continuirlichen Propagation einer aktinomykotischen Entzündung catarrhalischer oder parenchymatöser Art, die ihren Ausgangspunkt von der Vagina nähme und durch den Uterus nach der Tube gewandert wäre, ist auch nicht eine Andeutung vorhanden. Wir würden demnach vor die Frage gestellt sein, ob den Aktinomyceskeimen eine so lebhafte Eigenbewegung zukommt, dass sie den Spermatozoen gleich eine Wanderung durch den ganzen Genitaltract unternehmen können. Ein solches Verhalten ist durchaus unwahrscheinlich, angesichts

der ungemein langsamen Propagation der aktinomykotischen
Processe, ihrer grossen Neigung sich zu localisiren, bei Thieren
circumscripte Geschwülste zu bilden, und durch reactive schwielige Bindegewebswucherung in ihrer Peripherie sich gleichsam
abzukapseln. Von diesen Gesichtspunkten also betrachtet, ist
die Wahrscheinlichkeit für den Import der Pilze von der Vagina aus keine sehr grosse.

Wie steht es nun mit der Hypothese der Ueberwanderung
der Pilze vom Darm in die Tube? Die enge Beziehung des
Darmes zu der Tuba, wie ihn uns die Autopsie enthüllt, giebt
uns allen Grund, unsere Aufmerksamkeit auf die Möglichkeit
eines solchen pathogenetischen Vorgangs zu richten. Denn die
Art der Verbindung zwischen den beiden Organen ist eine so
eigenthümliche, dass sie wohl den Verdacht erregen kann, anderer Natur gewesen zu sein, als die bei Salpingitis gewöhnlich
anzutreffenden peritonitischen Adhäsionen strangförmiger oder
flächenhafter Art. Im Gegensatze zu solchen spricht der Verfasser von verzweigten, in das Gekröse eingreifenden Schwielen,
durch welche einige der untersten Ileumschlingen in grosser
Ausdehnung mit der Tube verwachsen waren.

Wir sind bei dem Studium der Pathologie der Aktinomykose so häufig einer Schwielenbildung als Residuum abgelaufener
aktinomykotischer Processe begegnet, dass man wohl berechtigt
ist die Frage aufzuwerfen, ob diese verzweigten Schwielen im
Mesenterium nicht etwa den Weg bezeichnen, den die Pilze
durchwandert haben, ehe sie in die Tube gelangten? Wenn wir
diesen Ideengang noch einen Schritt weiter verfolgen und uns
fragen, wie denn die Pilze in das Mesenterium gelangt sein
könnten, so werden wir logischerweise auf den Darm als Ein-
fallspforte geführt. Aber das Ganze bleibt doch nur eine nicht
zu beweisende Conjectur, da im Darme selbst weder ein Substanz-
verlust, noch eine Narbe gefunden wurde, welche Aufschluss
über eine daselbst erfolgte Pilzeinwanderung hätte geben können.
Dass aber auch ein negativer Befund nichts gegen die Möglichkeit eines solchen Ereignisses beweist, haben wir in der Anmerkung zu dem vorangehenden Falle dargethan.

Das Facit unserer Erwägungen wäre demnach, dass wir das Zustandekommen der Tubenaktinomykose durch Einwanderung von der Vagina aus für unwahrscheinlich, durch Einwanderung vom Darme aus für möglich, aber unbewiesen halten.

In dieser Auffassung werden wir noch bestärkt, wenn wir uns für die Frage nach der Pathogenese der Tubenaktinomykose Rath's erholen bei einer ähnlichen Affection, nämlich der Tubentuberculose. Bei dem Studium der Aktinomykose konnten wir so häufige Analogien zwischen dieser und der Tuberculose constatiren, dass es für eine vorläufige Orientirung erspriesslich sein kann, die Erfahrungen über die besser gekannte Mykose zur Ergänzung der Lücken in unserer Kenntniss der anderen zu verwerthen.

Nun ist bei der Tuberculose des weiblichen Genitalapparats die Erkrankung entweder auf die Tube beschränkt (wie bei jungen scrophulösen Kindern), oder sie verbreitet sich von der Tube auf den Uterus, derart, dass die uterine Erkrankung unzweifelhaft als die jüngere, von der tubaren fortgeleitete erkannt werden kann.

Demgemäss tritt die Krankheit am häufigsten in der Tube, seltener im Corpus uteri, noch seltener im Cervix, am seltensten in der Vagina auf. Diese Thatsachen sprechen deutlich gegen eine Infection von der Vagina her. Dagegen giebt es Thatsachen, welche eine Einwanderung der Infectionsträger vom Darme her in das offene Ostium abdominale tubae sehr wahrscheinlich machen*).

Aetiologisches.

Wenn wir diese stattliche Reihe von 38 Fällen in Beziehung auf die Aetiologie durchmustern, müssen wir leider bekennen, dass unser positives Wissen sich seit meiner Publication

---

*) A. Valentin, Virchow's Archiv, Bd. 44.

der ersten Fälle im Jahre 1878 kaum gemehrt hat. Damals
zeigte ich, dass der Strahlenpilz die Krankheitsursache ist, und das
ist noch heute das einzige Sichere, was wir über die Aetiologie
wissen. Wie aber die Uebertragung geschieht, in welcher Gestalt und wo der Pilz ausserhalb des Thierkörpers sich findet,
ist noch ebenso unbekannt wie früher. Auf welchen Bahnen
der Pilz in das Innere des menschlichen Körpers gelangt, ist
für die meisten Fälle klar; bereits in meiner ersten Arbeit
konnte ich die Mundhöhle und den Respirationstractus als die
Wege der Infection bezeichnen; spätere Erfahrungen haben noch
den Digestionstractus hinzugefügt. Ein Eindringen durch die
äussere Haut wie durch die Vagina ist bisher nicht bewiesen, —
eine primär praevertebrale Entwicklung der Aktinomykose, die
nicht auf einem der drei genannten Wege zu Stande gekommen
wäre, ist man meines Erachtens auf Grund der Analyse des
vorstehenden Materials nicht gezwungen, anzunehmen. Ferner
konnte ich bezüglich der Frage nach den Bahnen, die der Pilz
von den ersten Wegen aus einschlägt, um in die Gewebe zu
gelangen, für die erste Gruppe der Aktinomykosen die Angabe
meiner ersten Arbeit bestätigen und dahin erweitern, dass Con-
tinuitätsläsionen wie hohle Zähne, Kieferfisteln, Zahnextractionswunden die Invasionspforten aus der Mundhöhle in die Körpergewebe darstellen. — Zur Wahrscheinlichkeit wurde das Eindringen
von Pilzen durch die Tonsillen und Pharynxwand erhoben. Bezüglich der Pathogenese der primären Lungenaktinomykose wissen
wir noch nicht einmal soviel; ist doch nicht einmal entschieden,
ob die Pilze die Mundhöhle passirt haben müssen, um in die
Luftwege zu gelangen, oder ob sie direct mit der Athemluft in-
halirt werden können, wenngleich für ersteren Modus die grösste
Wahrscheinlichkeit vorhanden ist. Für die primäre Darmaktinomykose ist die Aufnahme der Pilze mit der Nahrung zweifellos.

Nicht einmal der Nachweis von der Identität der menschlichen und thierischen Aktinomykose ist bisher der Frage nach
der Aetiologie der ersteren zu Gute gekommen.

Wir kennen eine Anzahl von Thieren, bei welchen die
Aktinomykose vorkommt; ob aber eine ätiologische Beziehung
zwischen der thierischen und menschlichen Krankheit durch

Uebertragung von Thier auf Mensch häufig oder überhaupt vorkommt, ist noch gänzlich unbewiesen. Zwar habe ich*) durch
das Experiment die Uebertragbarkeit der menschlichen Aktinomykose auf das Kaninchen feststellen können, während der
Uebertragungsversuch vom Menschen auf das Kalb durch Pilz-
injection in die Vena jugularis sowohl John e wie mir nega-
tive Resultate gegeben hat, — dagegen die Uebertragungsmög-
lichkeit der Krankheit vom Thier auf den Menschen ist noch
nicht dargethan. Gegen die Häufigkeit der Uebertragung durch
Contact spricht die Thatsache, dass unter 38 aktinomykotisch
erkrankten Menschen sich fast gar keine Beschäftigungsklassen
finden, die in directe Beziehung zum Vieh treten, wie Landleute,
Schlächter, Viehhändler**). Unter den der Aktinomykose unter-
worfenen Schlachtthieren sind es vorzugsweise Rind und Schwein,
die den Menschen als Nahrung dienen und dadurch eine Uebertragung vermitteln könnten. In dieser Beziehung wissen wir
nichts Sicheres, wenn auch in einem Falle (No. 28) einer genossenen
Wurst die Schuld an der Erkrankung beigemessen wurde; aber
einige Gründe gegen die Allgemeingültigkeit dieses Infectionsmodus
möchte ich geltend machen. Zunächst halte ich es für ausgemacht,
dass der Genuss von Schweinefleisch in einer Zahl der abgehandelten Fälle als ätiologisches Moment auszuschliessen ist. Dieselben
betrafen höchst orthodoxe Israeliten, welche nie anders als rituell,
d. h. niemals vom Schweine, essen. Für diese selbe Kategorie von
Leuten ist aber auch die Uebertragung durch das Rind nicht
sehr wahrscheinlich. Denn bei dem Schlachten nach israeli-
tischem Ritus unterliegt ein jedes Vieh vor und nach der
Tödtung einer sorgfältigen Untersuchung auf die geringsten
Anomalien, und wird bei Constatirung letzterer als mit den
religiösen Vorschriften unvereinbar für ungeeignet zum Genusse
erklärt. Die minimalsten und unschuldigsten Abweichungen

---

*) Centralblatt f. d. med. Wissenschaft. 1883. No. 27.

**) Eine Ausnahme macht ein Fall von Stelzner (Jahresber. f. Nat.
u. Heilkunde, Dresden 1882—1883). Der Patient, welcher viel an Zahnschmerzen gelitten und sich viele Zähne hatte ziehen lassen, erkrankte an
einem aktinomykotischen Halsabscesse. Er hatte sich viel mit der Behandlung kranken, mit Drüseneiterungen behafteten Viehes beschäftigt.

von dem Gewöhnlichen geben häufig Gruud für eine Unbrauch-
barkeitserklärung ab. Unter diesen Verhältnissen ist es wenig
wahrscheinlich, dass eine Krankheit, welche so sehr auffallende,
ja ekelerregende Veränderungen setzt, wie die Aktinomykose
beim Rind, die ungemein scharfe rituelle Controlle passiren sollte.

Es erscheint mir demnach viel plausibler, anzunehmen,
dass Mensch und Vieh sich aus einer dritten Quelle inficiren, also
entweder aus vegetabilischer Nahrung oder aus dem Wasser.
Letzteres ist wohl als Infectionsträger wegen der grossen Empfindlichkeit der Pilze gegen Wasser auszuschliessen, wenn auch
die Möglichkeit einer grösseren Resistenz der Sporen nicht auszuschliessen ist. Dagegen liegen für die Vegetabilien als Infectionsträger beim Rinde sehr gravirende Beobachtungen vor.
Zunächst sprechen bei demselben alle Localisationen der Krankheit deutlich für ein Eindringen der Pilze mit der Nahrung.
Ferner aber hat ein dänischer Thierarzt Jensen*) auf Seeland die
Beobachtung gemacht, dass Fütterung mit Gerste, die auf neu-
cultivirtem, durch Eindämmung dem Meere abgewonnenen Boden
geerntet war, eine Endemie von Aktinomykose hervorbrachte.
Dagegen scheint für eine Uebertragung durch Gras und Heu,
welche selbst von sehr feuchtem Boden herrühren, kein Anhaltspunkt vorzuliegen.

In hohem Maasse stimmen dazu Johne's Beobachtungen,
welcher auf den in den Tonsillen des Schweines steckenden
Getreidegrannen Pilze fand, die den Aktinomyces ungemein
ähneln.

Nach den Erfahrungen beim Rinde liegt es nahe auch für
den Menschen anzunehmen, dass der Pilz stets zuerst mit der
Nahrung in den Mund gelange, ehe er in das Körperinnere eindringt, dass also auch für die primären Lungenaktinomykosen
eine Aspiration aus der Mundhöhle viel grössere Wahrscheinlichkeit als ein Transport durch die Athemluft für sich hat.

Bereits in meiner ersten Publication sprach ich diese Vermuthung aus; ich wies auf die Möglichkeit hin, dass vielleicht

*) Bang, Tidskrift for Veterinaerer. XIII. 1883. Deutsche Zeitschr.
f. Thiermed. u. vergl. Pathol. X. Bd. S. 261.

in den Höhlungen cariöser Zähne bisweilen Brutstätten für die importirten Keime zu suchen seien; als eine zweite wahrscheinliche Niststelle derselben wies ich in meiner zweiten Arbeit auf die Tonsillentaschen hin. Eine Bestätigung dieser Hypothese scheint der in der Dissertation von König publicirte Fall (No. 25) zu geben; denn hier fand sich ausser multiplen Zahnfisteln in der Alveole eines der vielen cariösen Backzähne eine mit Aktinomyces untermischte Eitermasse; ebenso war das Zahnfleisch um die Alveolen herum in einen aktinomyceshaltigen Abscess verwandelt. In den übrigen Fällen von primärer Lungenaktinomykose ist es bis jetzt nicht gelungen, deutliche Aktinomyces in der Mundrachenhöhle nachzuweisen. Dagegen ist es auffallend, dass in allen dahin gehörigen Fällen, wozu ich auch den Fall 29 rechne, soweit Angaben vorhanden sind, Anomalien an den Zähnen oder den Tonsillen zu constatiren waren. Unter den 9 Fällen primärer parenchymatöser Lungenaktinomykose (eingerechnet Fall 35) finden wir zwei Mal keine Angaben über diese Punkte; diese abgerechnet zeigten von den 7 restirenden 5 Fälle Caries der Zähne, 2 Affectionen der Tonsillen.

Unter den ersteren zeichnen sich drei durch Auffälligkeit und Ausdehnung der krankhaften Veränderungen aus.

Fall No. 19 zeigte ein lückenhaftes Gebiss und weit vorgeschrittene Caries aller vorhandenen Zähne. Dieselben waren von einer dicken gelblich-weissen, drusig höckerigen, talgartig weichen Schicht überzogen. Als Residuum einer Zahnfistel besteht eine Narbe am linken Unterkieferwinkel.

Fall No. 20 hatte durchwegs sehr schlechte, grösstentheils bis auf die Wurzeln zerstörte Zähne und vor Jahren entzündliche Anschwellungen.

Fall 24 zeigt folgenden Befund:

Untere Schneidezähne und rechter Eckzahn ausserordentlich locker, mit der Pincette herauszuheben. Zahnfleisch graugrün verfärbt, geschwollen. Die zugehörigen Alveolen sowie der ganze Alveolarfortsatz des Unterkiefers leicht rauh und mit einer dünnen trüben Flüssigkeit bespült.

Affectionen der Tonsillen zeigten 2 Fälle.

In No. 22 finden wir die Tonsillen blass, wenig vergrössert,

auf ihrer Oberfläche lose aufliegend eine grosse Zahl hirsekorn- bis
stecknadelkopfgrosser Körner von trüb weisser Farbe, rund oder
maulbeerförmig. Von denselben Elementen die Tonsillentaschen
dicht erfüllt; im Parenchym der.linken Mandel ein kleiner Abscess, der die nämlichen Gebilde enthält.

In No. 26 sind die Tonsillen klein, grob gerunzelt, im Centrum mehrere ganz glatte, glänzend weisse Stellen — vermuthlich
Narben von früheren Abscessen.

Die Pilze nun, welche man bisher, mit Ausnahme des
König'schen Falles, in und auf den cariösen Zähnen und den
Tonsillen Aktinomykotischer fand, sind durchweg, so weit sie
untersucht waren, als Leptothrix beschrieben worden. Ob immer
mit Recht, werden erst Züchtungsversuche unter besonderen
Bedingungen lehren können. Denn man findet, wenn man
viele Fälle von Aktinomykose untersucht hat, eine solche
Variabilität in der Erscheinung der Strahlenpilze, dass an
manchen Formen ein morphologischer Unterschied vom Leptothrix nicht zu erkennen ist. Andererseits findet man ·in den
stets als Leptothrix angesprochenen Pilzmassen im Zahnschleime, in cariösen Zahnhöhlen und Tonsillen Bilder, welche
frappant gewissen Aktinomycesformen gleichen. Es wäre also
sehr wohl möglich, dass unter den als Leptothrix bezeichneten
Pilzmassen sich bisweilen Vorstufen des Aktinomyces befinden,
die gelegentlich erst zu typischer Entwicklung im Körper-
inneren gelangen. Zur Erläuterung des Gesagten sei in Folgendem die Erscheinungsweise des Strahlenpilzes nach meinen
eigenen Beobachtungen skizzirt.*) Eine grosse Mannigfaltigkeit
bietet bereits die Betrachtung mit blossem Auge. Die Grösse
der Körnchen variirt von eben sichtbaren bis zu Kugeln von
2 Mmtr. Durchmesser; ihre Oberfläche ist, unabhängig von ihrer
Grösse, bald glatt, bald maulbeerförmig; theils sind sie farblos,
sagoartig durchscheinend, theils weiss, hellgelb oder saepiabraun,
gelbgrün bis dunkelgrün, sogar gefleckt. Wichtiger ist die Verschiedenheit des mikroskopischen Bildes. Die charakteristischsten

---

*) Wegen Abbildungen s. J. Israël, Neue Beobachtungen auf dem
Gebiete d. Mykosen d. Menschen. Virchow's Archiv, Bd. 74, Tafel II—V.

Bilder zeigen diejenigen kugeligen Haufen, deren Oberfläche
dicht, palisadenartig von den keulenförmigen glänzenden Körpern
besetzt ist, während ihr Inneres aus einem dichten Filz von
feinen Fäden besteht, welche unter welligen Biegungen oder
spiraligen Drehungen nach der Peripherie hin sämmtlich radiär
verlaufen und nach mehr minder häufiger dichotomischer Ver-
zweigung endständig zu den erwähnten Keulen anschwellen. Die
nächste Abweichung von diesem quasi schematisch-typischen Bilde
wird durch vegetative Veränderungen an den Keulen hervorgebracht,
theils durch Knospung, wodurch handförmige oder fächerförmige
Gebilde entstehen, theils durch quere Segmentirung, eine Thatsache, die ich nach ungemein häufiger sorgfältigster Untersuchung den Einwänden Herrn Ponfick's gegenüber aufrecht
erhalte. Eine fernere Veränderung des typischen Aussehens
wird durch eine rudimentäre Entwicklung der Keulen hervorgebracht; dieselben sind an manchen Haufen um weniges breiter
als die Fäden, deren Endstück sie darstellen; mit zunehmender
Verschmälerung verliert sich ihre charakteristische Form, sodass
sie sich in extremen Fällen nur durch ein etwas stärkeres Licht-
brechungsvermögen, nicht aber durch kolbige Anschwellung von
dem übrigen Theile des Fadens differenziren. Bei noch ein-
facheren Formen zeigen viele Fäden dieses differenzirte Endstück
überhaupt nicht, sondern enden ohne jede Anschwellung im
Niveau der Kugeloberfläche des Haufens oder wachsen über diese
hinaus, theils ungetheilt, theils dichotomisch, gestreckt, geschlängelt oder spiralig. Die Anzahl der keulentragenden Fäden
eines Haufens kann eine verschwindend kleine sein; damit ist der
Uebergang zu solchen Formen gegeben, welche nicht eine einzige
kolbige Anschwellung der Fäden aufzuweisen haben, sondern
ausschliesslich aus einem Mycel bestehen, welches im centralen
Theile des kugeligen Haufens durch unregelmässig verfilzte, ge-
schlängelte Fäden gebildet wird, die nach der Peripherie sämmtlich radiär angeordnet, in flachen Spiralen oder welligen Biegungen, ungetheilt oder dichotomisch der Kugeloberfläche zu-
streben. Diese Entwicklungsstufe des Strahlenpilzes
entspricht exact dem von Ferd. Cohn als Streptothrix
beschriebenen Pilze.

Ein weiterer Factor der wechselvollen Erscheinung wird gegeben durch die Anwesenheit oder das Fehlen eines Körnchenlagers zwischen den Maschen des centralen verfilzten Mycels. Ja letzteres, soweit es durch Fäden repräsentirt wird, kann gänzlich fehlen; dann bestehen die Häufchen nur aus einem Lager von blassen, sehr feinen, mikrococcusartigen Körnchen, zwischen denen stark ölglänzende, gröbere, bisweilen unregelmässig gestaltete Körner eingestreut sind, während an der Peripherie hier und da die typischen Keulen in verschiedenster Grösse aufschiessen.

Noch einfachere Structurverhältnisse als die streptothrixähnlichen ergeben sich aus dem Fortfall der Dichotomie der Fäden und aus dem Ersatz ihrer Spiralenwindungen oder Wellenbiegungen durch einen gradlinigen gestreckten Verlauf. Ein solcher Haufen zeigt dann noch im Centrum ein Filzwerk von Fäden, deren Ausläufer nach der Peripherie sämmtlich eine radiäre Richtung bei gänzlich gestrecktem Verlaufe einschlagen.

Wenn nun auch diese Regelmässigkeit des architectonischen Aufbaus fortfällt, wie solches an den jungen Entwicklungsstufen in manchen Metastasen beobachtet wird, dann bleiben als einfachste Formen nur Häufchen übrig, die ohne jede bestimmte Architectur aus ganz unregelmässig locker durchkreuzten, leicht geschwungenen oder geraden gestreckten Fäden bestehen, von sehr ungleicher Länge und oft von steiferem Aussehen, als die äusserst zierlichen biegsamen Fäden der ausgebildeten Aktinomyces. Zwischen den Fäden finden sich meistens noch mikrococcusähnliche Körnchen.

Auf diese letztbeschriebenen einfachsten Formen passt nun der Name des Strahlenpilzes in keiner Weise mehr, da sie keine Spur einer strahligen Anordnung zeigen, vielmehr lassen sie morphologisch nicht den geringsten Unterschied von dem Leptothrix der Mundhöhle erkennen, so dass ich es für unmöglich halte, dieselben innerhalb des Zahnbelags als Elemente des Aktinomyces zu erkennen.

Dass alle die geschilderten Formen blos verschiedene Entwicklungsstufen des Strahlenpilzes sind, erkennt man einestheils aus der lückenlosen continuirlichen Reihe der Uebergänge, anderentheils daran, dass sie sich sowohl in demselben Abscesse nebeneinander finden, als auch in verschiedenen Herden desselben Falles. Findet letzteres Verhalten statt, dann trifft man die complicirtesten Formen in den ältesten Herden, die einfachsten in den jüngsten Metastasen (vergl. Fall 22). Andere Male wieder zeigt ein Fall in allen seinen Herden vorwiegend eine oder die andere der beschriebenen Erscheinungsformen des Pilzes.

Haben wir somit gesehen, dass unter gewissen Umständen in gewissen Entwicklungsstufen der Aktinomyces weder vom Streptothrix, noch vom Leptothrix unterschieden werden kann, so giebt es wiederum auch unter dem Leptothrix der Mundhöhle Formen, welche sich dem Aktinomyces auffällig nähern. Zunächst kann der Leptothrix makroskopisch in ebensolchen Kugel- oder Maulbeerformen von weisser, gelber oder saepiabrauner Farbe auftreten, wie der Strahlenpilz, und zwar ebensowohl auf der freien Fläche der Tonsillen, wie in deren Lacunen, wie in Submaxillarabscessen im Gefolge cariöser Zähne.

Bei mikroskopischer Untersuchung nun findet man in den Leptothrixmassen der Zahnhöhlen wie der Tonsillen untermischt mit den gewöhnlichen starren Fäden solche, welche geschlängelt oder spiralig gewunden sind. In manchen Haufen können letztere gänzlich an Stelle der ersteren treten, so dass z. B. ein Theil der tonsillaren kugeligen Pilzconcretionen des Falles 22 ausschliesslich aus wellenförmig geschlängelten langen Fäden bestand, die wie verwirrte Haare durcheinander gefilzt waren. Kommt nun noch, wie ich einige Male, wenngleich selten, mit Sicherheit beobachten konnte, wirkliche echte Dichotomie dieser geschlängelten Fäden hinzu, dann kann man keinen morphologisch erkennbaren Unterschied dieser Leptothrixformen von der als Streptothrix bezeichneten Erscheinungsweise des Aktinomyces finden.

Aber auch für die dem Strahlenpilze charakteristische end- ständige Anschwellung der Fäden zu glänzenden keulenförmigen Körpern habe ich wiederholt im Zahnschleime, namentlich des Falles 19, Analoga gefunden. Man sieht innerhalb eines Lepto- thrixhaufens gerade oder wellige Fäden an ihrem Ende stärker lichtbrechend werden, man findet solche mit langgestreckt-birnen-

förmigem, ölig-glänzendem Endstück, endlich solche, bei welchen
dieses Endstück durch Quertheilung in drei oder vier Segmente
zerfällt.

Diese so beschaffenen Fäden haben aber im Gegensatze zum
Strahlenpilze keine typische radiäre Anordnung, sind stärker
und steifer und sind überhaupt selten zu finden. Ein einziges
Mal beobachtete ich eine strahlige Gruppirung der birnenförmigen
Körper, und zwar in einem von cariösen Zähnen herrührenden
Submaxillarabscesse, der im Eiter viele aus typischem Leptothrix
bestehende miliare Körnchen suspendirt enthielt. Eines derselben, welches durch seine saepiabraune Farbe auffiel, bestand
ausschliesslich aus den glänzenden Keulen, welche sämmtlich
durch quere Segmentirung in mehrere Glieder zerfielen und von
einem Mittelpunkt aus radiär ausstrahlten. Die Form war eine
weit gröbere, weniger zierliche als bei dem gewöhnlichen Aktinomyces. Viel häufiger findet man die durch Zerfall freigewor-
denen Producte der Quertheilung des glänzenden, keulenförmig
geschwollenen Endstücks in Gestalt stark ölig oder metallisch
glänzender Körper, die theils trapezoid geformt sind, theils dem
stumpfen Endstück einer quer durchschnittenen Birne entsprechen, theils einen unregelmässigen wie angefressenen Contour, aber denselben charakteristischen Glanz wie die regulären
Formen zeigen.

Lehren schon diese Auseinandersetzungen, dass Aktinomyces
und Leptothrix in morphologischer Hinsicht viele Berührungspunkte miteinander gemein haben, so wird das Gesagte noch
durch nachfolgende wichtige und interessante Beobachtungen
bestätigt:

Erstens durch die von mir gefundene Ausscheidung exquisit
leptothrixartiger Pilzelemente durch den Urin in einem Falle
(No. 19) von primärer Lungenaktinomykose, zweitens durch
Weigert's Beobachtung, dass im aktinomyceshaltigen Eiter
nach eintägigem Stehen die Keulenformen fast verschwunden,
dagegen reichlich leptothrixartige lange Fäden aufgetreten seien;
drittens durch die mit Weigert's Beobachtung identische Erfahrung, die ich 1878 an Aktinomyces machen konnte, nach-

dem dieselben eine Zeit lang in Pasteur'scher Flüssigkeit auf-
bewahrt waren.

Ferner ist der Beachtung werth das im Falle 23 von mir
beobachtete Durchwachsensein der grossen Milzabscesse mit
langgeetreckten Fäden, sowie im Falle 27 die massenhafte, schon
für das blosse Auge von den typischen Aktinomycesdrusen unter-
scheidbare Rasenbildung auf der Oberfläche der Darmmucosa.

Endlich möge in biologischer Beziehung auf ein ähnliches
Verhalten zwischen Leptothrix und Aktinomyces hingewiesen
werden. So wie ersterer häufig bei den durch ihn eingeleiteten
Zersetzungsvorgängen zur Bildung freier Fettsäuren führt, wie in
den Tonsillentaschen, der putriden Bronchitis, manchen Zahn-
abscessen, so habe ich dieselbe Beobachtung von dem Vorhandensein reichlicher Fettsäurenadeln in allen aktinomykotischen frisch
untersuchten Abscesses des Falles 23 gemacht. Auch in dem
Falle von Bronchitis actinomycotica wurde eine saure Reaction
des frischen Sputums constatirt, und bildeten sich in demselben
beim Stehen Fettsäurenadeln. In anderen Fällen fehlt, wie bekannt, diese Zersetzung.

Wenn wir uns an der Hand dieser Beobachtungen von der
grossen morphologischen, theilweise auch biologischen Aehnlichkeit mancher Formen, unter denen der Strahlenpilz auftritt, mit
solchen des Leptothrix überzeugt haben, so ist es leicht zu verstehen, warum man ohne Züchtung unter den Pilzen der Mundhöhle den Aktinomyces nicht sicher zu erkennen vermag, wenn
er nicht gerade in seiner typischen Form daselbst auftritt. —
Dass letzteres Vorkommen nur selten sein kann, ergiebt sich
aus folgender Erwägung. Die Bedingungen, unter denen der
Aktinomyces in den Geweben zu seiner vollen Entwicklung mit
Bildung der charakteristischen keulenförmigen Körper kommt,
sind durchaus verschieden von denen, die der Pilz bei etwaiger
Vegetation in der Mundhöhle antrifft. Hier findet er bei Wachsthum an einer freien Oberfläche eine saure Nährflüssigkeit, un-
beschränkten Sauerstoffzutritt, schnelle Entfernung seiner Stoff-
wechselproducte, Erschwerung seiner Entwicklung durch die Kau-,
Sprech-, Schluckbewegungen, — innerhalb der Gewebe eine alka-
lische Nährflüssigkeit, beschränkte Sauerstoffzufuhr, ungestörte

Entwicklung. Mit Berücksichtigung dieser Unterschiede wäre
es wohl verständlich, wenn der Pilz andere Formen der Entwicklung auf der freien Oberfläche der Mundhöhle als im Innern
der Parenchyme zeigte. Die einzige anatomische Beobachtung
des Pilzes auf einer freien Oberfläche, nämlich derjenigen des
Darmes (Fall 27), zeigt auch dieser Voraussetzung gemäss eine
von allen bisher bekannten Bildern abweichende Entwicklung
massenhaft ausgedehnter Rasen. Vielleicht wird es möglich sein,
den typischen Aktinomyces in geeigneten Fällen aus Pilzen der
Mundhöhle zu züchten, wenn man Culturen unter Luftabschluss
in alkalischen eiweisshaltigen Medien anlegt. Diese ausserordentliche Variabilität des Pilzes giebt vielleicht den Schlüssel
des Räthsels, warum man demselben bisher ausserhalb des thierischen Organismus nicht begegnet ist. Er wird vermuthlich
entsprechend den gänzlich verschiedenen Lebensbedingungen
ausserhalb des Thierkörpers in einer Form vorkommen, die
wenig Aehnlichkeit mit derjenigen seiner höchsten Entwicklung
bietet, welche wir gewöhnt sind, als den Strahlenpilztypus zu
betrachten.

Die nach Abschluss dieser Arbeit publicirten Beobachtungen
von J. Wolff, Ueber einen Fall von Aktinomykose (Breslauer
ärztl. Zeitschr., 1884, S. 284—286) und Lorenzo Magnussen,
Beiträge zur Diagnostik und Casuistik der Aktinomykose, Inaug.-
Dissertation, Kiel 1885, konnten leider nicht mehr verwerthet
werden.

www.ingramcontent.com/pod-product-compliance
Lightning Source LLC
Chambersburg PA
CBHW021811190326
41518CB00007B/545